数控设备管理与维护技术基础

（第 2 版）

主　编　张　恒　徐　杰
副主编　冯　磊　凌红英
参　编　诸晓涛　任俊恩　李铭秋
主　审　王晓忠　张国军

北京理工大学出版社
BEIJING INSTITUTE OF TECHNOLOGY PRESS

内 容 简 介

本教材根据最新修订的"数控设备管理与维护技术基础"课程标准进行编写，针对常用数控设备管理和维护技术，以加工制造行业中典型数控机床为主要研究对象，采用理实一体、工学结合的课程结构形式，将内容设计为数控设备管理技术基础、数控设备的组成与维护、数控车床维护保养技术等 5 个学习情境，每个学习情境引入实践活动，让学生巩固数控设备管理与维护技术相关知识。

本教材具有实践性、职业性、开放性强的特点，适用于高等院校、高职院校相关专业的学生，还适用于装备制造类企业的数控设备管理与维护岗位的技术人员。

图书在版编目(CIP)数据

数控设备管理与维护技术基础 / 张恒，徐杰主编.

2 版. -- 北京：北京理工大学出版社，2025.1.

ISBN 978 - 7 - 5763 - 5043 - 2

Ⅰ. TG659

中国国家版本馆 CIP 数据核字第 2025VM5818 号

责任编辑： 张　瑾		**文案编辑：** 张　瑾	
责任校对： 周瑞红		**责任印制：** 李志强	

出版发行 / 北京理工大学出版社有限责任公司

社　　址 / 北京市丰台区四合庄路 6 号

邮　　编 / 100070

电　　话 / (010) 68914026 (教材售后服务热线)

　　　　　　(010) 63726648 (课件资源服务热线)

网　　址 / http://www.bitpress.com.cn

版 印 次 / 2025 年 1 月第 2 版第 1 次印刷

印　　刷 / 涿州市京南印刷厂

开　　本 / 787 mm × 1092 mm　1/16

印　　张 / 13.5

字　　数 / 304 千字

定　　价 / 75.00 元

图书出现印装质量问题，请拨打售后服务热线，负责调换

出 版 说 明

五年制高等职业教育（简称五年制高职）是指以初中毕业生为招生对象，融中高职于一体，实施五年贯通培养的专科层次职业教育，是现代职业教育体系的重要组成部分。

江苏是最早探索五年制高职教育的省份之一，江苏联合职业技术学院作为江苏五年制高职教育的办学主体，经过20年的探索与实践，在培养大批高素质技术技能人才的同时，在五年制高职教学标准体系建设及教材开发等方面积累了丰富的经验。"十三五"期间，江苏联合职业技术学院组织开发了600多种五年制高职专用教材，覆盖了16个专业大类，其中178种被认定为"十三五"国家规划教材，学院教材工作得到国家教材委员会办公室认可并以"江苏联合职业技术学院探索创新五年制高等职业教育教材建设"为题编发了《教材建设信息通报》（2021年第13期）。

"十四五"期间，江苏联合职业技术学院将依据"十四五"教材建设规划进一步提升教材建设与管理的专业化、规范化和科学化水平。一方面将与全国五年制高职发展联盟成员单位共建共享教学资源，另一方面将与高等教育出版社、凤凰职业图书有限公司等多家出版社联合共建五年制高职教育教材研发基地，共同开发五年制高职专用教材。

本套"五年制高职专用教材"以习近平新时代中国特色社会主义思想为指导，落实立德树人的根本任务，坚持正确的政治方向和价值导向，弘扬社会主义核心价值观。教材依据教育部《职业院校教材管理办法》和江苏省教育厅《江苏省职业院校教材管理实施细则》等要求，注重系统性、科学性和先进性，突出实践性和适用性，体现职业教育类型特色。教材遵循长学制贯通培养的教育教学规律，坚持一体化设计，契合学生知识获得、技能习得的累积效应，结构严谨，内容科学，适合五年制高职学生使用。教材遵循五年制高职学生生理成长、心理成长、思想成长跨度大的特征，体例编排得当，针对性强，是为五年制高职教育量身打造的"五年制高职专用教材"。

江苏联合职业技术学院
教材建设与管理工作领导小组

前　言

2015 年 5 月，国务院印发关于《中国制造 2025》的通知，其重点强调提高国家制造业创新能力，推进信息化与工业化深度融合，强化工业基础能力，加强质量品牌建设，全面推行绿色制造及大力推动重点领域突破发展等，而高质量的技能型人才是实现这一发展战略的重要途径。

为全面贯彻落实党的二十大精神以及国家对于高技能人才的培养精神，提升五年制高等职业教育机电类专业教学质量，深化江苏联合职业技术学院机电类专业教学改革成果，并最大限度地共享这一优秀成果，学院智能制造专业建设指导委员会特组织优秀教师及相关专家，全面、优质、高效地修订及新开发了本系列规划教材，并配备了数字化教学资源，以适应当前的信息化教学需求。

本系列教材所具特色如下。

（1）教材培养目标、内容结构符合教育部及学院专业标准中制定的各课程人才培养目标及相关标准规范。

（2）教材力求简洁、实用，编写上兼顾现代职业教育的创新发展及传统理论体系，并使之完美结合。

（3）教材内容反映了工业发展的最新成果，涉及的标准规范均为最新国家标准或行业规范。

（4）教材编写形式新颖，教材栏目设计合理，版式美观，图文并茂，体现了职业教育工学结合的教学改革精神。

（5）教材配备相关的数字化教学资源，体现了学院信息化教学的最新成果。

本教材由常熟市滨江职业技术学校张恒、江苏省常熟中等专业学校徐杰担任主编，泰州机电高等职业技术学校冯磊、无锡机电高等职业技术学校凌红英担任副主编，江苏省锡山中等专业学校诸晓涛、江苏省淮安技师学院任俊恩、江苏省常熟中等专业学校李铭秋参编。具体分工如下：学习情境一由冯磊、李铭秋编写，学习情境二由张恒、徐杰编写，学习情境三由诸晓涛编写，学习情境四由凌红英编写，学习情境五由任俊恩、张恒编写。张恒、徐杰负责统稿。

本教材由无锡机电高等职业技术学校王晓忠和盐城机电高等职业技术学校张国军担任主审，他们对书稿提出了许多宝贵的修改意见和建议，在此表示衷心的感谢。

本系列教材在组织编写过程中得到了江苏联合职业技术学院各位领导的大力支持与帮助，并在学院智能制造专业建设指导委员会全体成员的一直努力下顺利完成了出版任务。

由于编者及编审委员会专家时间相对仓促，加之行业技术更新较快，教材中难免有不当之处，敬请广大读者予以批评指正，在此一并表示感谢！我们将不断完善与提升本系列教材的整体质量，使其更好地服务于学院机电类专业及全国其他高等职业院校相关专业的教育教学，为培养新时期下的高技能人才作出应有的贡献。

编者

目　录

学习情境一 数控设备管理技术基础

【学习目标】

1. 了解常用数控设备的基本管理内容。
2. 了解数控设备管理的岗位设置及职能。
3. 了解数控设备管理常用模式及其发展趋势。
4. 掌握数控设备技术管理和资产管理基本流程。
5. 掌握数控设备的使用与运行管理制度。
6. 了解数控设备管理流程。

【情境描述】

为适应国家 2025 工业战略计划，数控设备已经在企业大范围使用。数控设备的配备也是企业综合实力的一种体现，科学规范地管理好数控设备，保证数控设备正常运行，合理分配数控设备，最大限度地利用数控设备，对提高企业生产效益十分有益。数控设备管理是一门内容十分丰富的综合工程学科。

【相关知识】

知识点1 数控设备管理基础知识

一、常见数控设备简介

数控设备是采用了数控技术的机械设备，或者说是装备了数控系统的机械设备。数字控制（numerical control，NC，简称数控）是采用数字化信息实现加工自动化的控制技术。数控技术又称计算机数控（computer numerical control，CNC）技术，是一种采用计算机实现数字程序控制的技术。这种技术利用计算机按事先存储的控制程序来实现对设备运动轨迹和外设操作的时序逻辑控制功能。计算机取代了硬件逻辑电路组成的数控装置，使操作指令的存储、处理、运算、逻辑判断等控制机能均可通过计算机软件来完成，通过将处理生成的微观指令传送给伺服驱动装置来驱动电机或液压执行元件，从而带动设备运行。

数控机床的种类很多，主要有以下几种分类方法。

（一）按加工工艺方法分类

1. 金属切削类数控机床

与传统的金属切削类车床、铣床、钻床、磨床、齿轮加工机床相对应的数控机床包括数控车床、数控铣床、数控钻床、数控磨床、数控齿轮加工机床等。尽管这些数控机床在加工工艺方法上存在很大差别，具体的控制方式也各不相同，但机床的动作和运动都是数字化控制的，具有较高的生产效率和自动化程度。

2. 特种加工类数控机床

特种加工类数控机床包括数控电火花线切割机床、数控电火花成形机床、数控等离子弧切割机床、数控火焰切割机床及数控激光加工机床等。

3. 板材加工类数控机床

常见的板材加工类数控机床包括数控压力机、数控剪板机和数控折弯机等。

（二）按控制运动轨迹分类

1. 点位控制系统

点位控制系统是指数控系统只控制刀具或机床工作台从一个点准确地移动到另一个点，而点与点之间的运动轨迹不需要严格控制的系统。一般先快速移动刀具到终点附近位置，然后低速准确移动到终点定位位置，以减少移动部件的运动与定位时间，并保证良好的定位精度。刀具移动过程中不进行切削。应用这类控制系统的数控机床主要有数控坐标镗床、数控钻床、数控冲床等。点位控制加工示意如图1－1所示。

2. 点位直线控制系统

点位直线控制系统是指数控系统不仅控制刀具或机床工作台从一个点准确地移动到另一个点，而且保证两点之间的运动轨迹是一条直线的控制系统。刀具移动过程中可以进行切削。应用这类控制系统的数控机床主要有数控车床、数控钻床和数控铣床等。点位直线控制加工示意如图1－2所示。

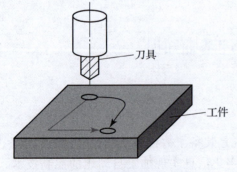

图1－1　点位控制加工示意

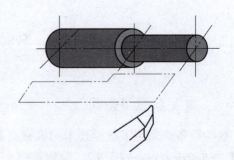

图1－2　点位直线控制加工示意

3. 轮廓控制系统

轮廓控制系统又称连续切削控制系统，是指数控系统能够对两个或两个以上的坐标轴同时进行严格连续控制的系统。它不仅能控制移动部件从一个点准确地移动到另一个点，而且还能控制整个加工过程中每一个点的速度与位移量，从而将零件加工成一定的轮廓形状。应用这类控制系统的数控机床有数控铣床、数控车床、数控齿轮加工机床和加工中心等。轮廓控制加工示意如图 1－3 所示。

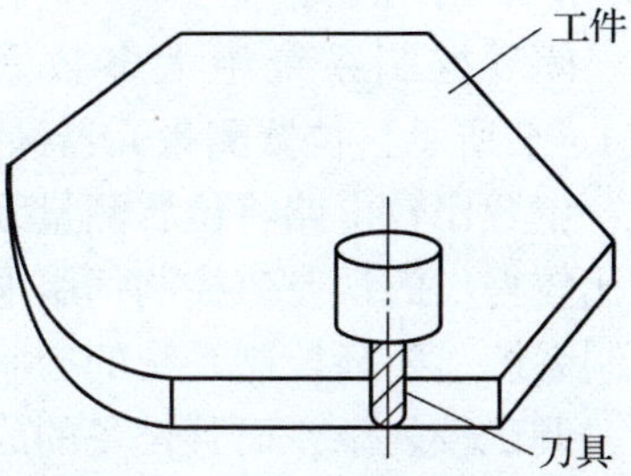

（三） 按控制坐标联动轴数分类

数控系统控制几个坐标轴按需要的函数关系同时协调运动，称为坐标联动。数控系统按照控制坐标联动轴数可以分为以下几种。

图 1－3　轮廓控制加工示意

1. 两轴联动

两轴联动是指数控机床能同时控制两个坐标轴的联动，适用于数控车床加工旋转曲面或数控铣床铣削平面轮廓。

2. 两轴半联动

两轴半联动在两轴联动的基础上增加了 Z 轴的移动，当机床坐标系的 X 轴、Y 轴固定时，Z 轴可以进行周期性进给。两轴半联动加工可以实现分层加工。

3. 三轴联动

三轴联动是指数控机床能同时控制三个坐标轴的联动，适用于一般曲面的加工。此外，一般的型腔模具均可以用三轴联动完成加工。

4. 多坐标联动

多坐标联动是指数控机床能同时控制四个及四个以上坐标轴的联动。多坐标联动数控机床的结构复杂、精度要求高、程序编制复杂，适用于加工形状复杂的零件，如叶轮、叶片类零件。

通常三轴机床可以实现两轴、两轴半、三轴联动加工；五轴机床也可以只用到三轴联动加工，而其他两轴不联动。

（四） 按驱动装置的特点分类

数控机床由数控装置发出脉冲或电压信号，通过伺服系统控制机床各运动部件运动。伺服系统按控制方式可以分成三种：开环控制系统、闭环控制系统和半闭环控制系统。

1. 开环控制系统

开环控制系统采用步进电机，无位置测量元器件，输入指令经过数控系统运算后，输出指令脉冲控制步进电机工作，如图 1－4 所示。这种控制方式不对执行机构进行检测，无反馈控制信号，因此称为开环控制系统。开环控制系统的设备成本低、调试方便、操作简单，但控制精度低，工作速度受步进电机的限制。

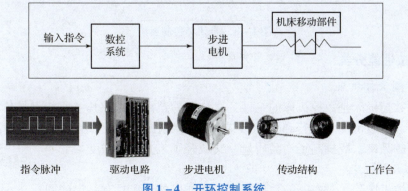

图 1－4　开环控制系统

学习情境一　数控设备管理技术基础

2. 闭环控制系统

闭环控制系统绝大多数采用伺服电机，有位置测量元器件和位置比较电路。如图 1-5 所示，位置测量元器件安装在工作台上，测出工作台的实际位移值反馈给数控装置，位置比较电路将位置测量元器件反馈的工作台实际位移值与指令中的位移值相比较，用比较得出的误差值控制伺服电机工作，直至到达实际位置，误差值消除，因此称为闭环控制系统。闭环控制系统的控制精度高，但要求机床的刚性好，对机床的加工、装配要求高，调试较复杂，而且设备的成本高。

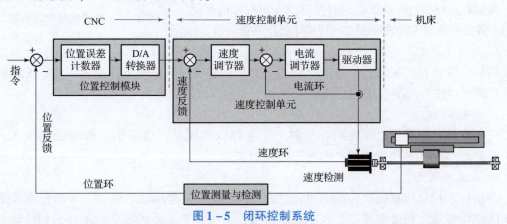

图 1-5　闭环控制系统

3. 半闭环控制系统

如图 1-6 所示，半闭环控制系统的位置测量元器件不是测量工作台的实际位置，而是测量伺服电机的转角，经过推算得出工作台位移值，反馈给位置比较电路，与指令中的位移值相比较，用比较得出的误差值控制伺服电机工作。这种控制系统用推算方法间接测量工作台位移值，不能补偿数控机床传动链零件的误差，因此称为半闭环控制系统。半闭环控制系统的控制精度高于开环控制系统，调试比闭环控制系统更容易，设备的成本介于开环与闭环控制系统之间。

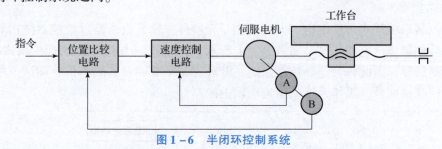

图 1-6　半闭环控制系统

（五）按性能分类

1. 经济型数控机床

经济型数控机床是数控机床的一种，又称简易数控机床，其主要特点是价格便宜，功能针对性强。一般情况下，普通机床改装成简易数控机床后工作效率可以提高 1~4 倍，同时能降低废品率，既提高了产品质量，又减轻了工人劳动强度。

2. 中档数控机床

中档数控机床除了具有一般数控机床的功能以外，还具有一定的图形显示功能及面向用户的宏程序功能等。这种机床的数控系统采用的微型计算机系统一般为 32 位微处理器系统，具有 RS – 232 通信接口，机床的进给多用交流或直流伺服驱动，能实现四轴或四轴以下联动控制，进给分辨率为 1 μm，快速进给速度为 10 ~ 20 m/min，其输入、输出的控制一般由可编程控制器完成，大大增强了系统可靠性和控制灵活性。这类数控机床的品种极多，几乎覆盖了各种机床类别，且价格适中，它趋向于简单、实用，不追求过多的功能，从而使机床的价格得到适当降低。

3. 高档数控机床

高档数控机床是指加工复杂形状工件的多轴控制数控机床，其工序集中、自动化程度高、功能强、具有高度柔性。这类机床的数控系统采用的微型计算机系统为 64 位以上微处理器系统，机床的进给大都采用交流伺服驱动，除了具有一般数控系统的功能以外，还能实现五轴或五轴以上的联动控制，最小进给分辨率为 0.1 μm，最大快速移动速度能达到 100 m/min 或更高。这类数控机床不仅具有三维动画图形功能和友好的图形用户界面，而且还具有丰富的刀具管理功能、宽调速主轴系统、多功能智能化监控系统和面向用户的宏程序功能，以及很强的智能诊断功能和智能工艺数据库，能实现加工条件的自动设定及计算机的联网和通信。这类数控机床功能齐全，价格昂贵。常见的高档数控机床如图 1 – 7 所示。

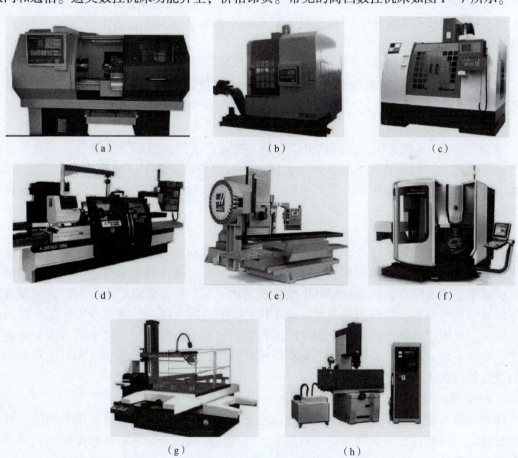

（a）　　　　　　　　　　（b）　　　　　　　　　　（c）

（d）　　　　　　　　　　（e）　　　　　　　　　　（f）

（g）　　　　　　　　　　（h）

图 1 – 7　常见的高档数控机床

（a）卧式数控车床；（b）立式数控车床；（c）立式数控铣床；（d）数控磨床；（e）卧式加工中心；
（f）五轴加工中心；（g）快走丝数控线切割机床；（h）数控电火花机床

二、数控设备管理的职能与机构设置

数控设备管理的职能与机构设置是保证数控设备顺利运行的理论支撑和技术保障，是工业水平发展和管理水平不断提高的表现。从最初的定期维修到以先进的信息化与网络化预防为主、维修为辅的发展，得益于数控设备管理制度的完善。

（一）数控设备管理的概念

数控设备管理是指数控设备从选择评价、使用、维修、更新改造直至报废处理全过程的管理工作。企业的数控设备在其使用周期内有两种运动形态：一是物质运动形态，包括数控设备的选购、进厂验收、安装、调试、使用、维修、更新改造等，对设备物质运动形态的管理称为设备的技术管理；二是价值运动形态，包括数控设备的最初投资、维修费用支出、折旧、更新改造资金支出等，对设备价值运动形态的管理称为设备的经济管理。工业企业的数控设备管理应包括对这两种形态的全面管理。

（二）数控设备管理的形成与发展

数控设备管理是随着工业生产的发展、设备现代化水平的不断提高，以及管理科学和技术的发展而逐步发展起来的。数控设备管理的发展主要体现在设备维修方式的演变上，设备维修方式可以分为三种。

1. 事后维修

事后维修是指企业的机器设备发生了损坏或事故以后才进行修理，可划分为两个阶段。

（1）兼修阶段

18世纪末到19世纪初，以蒸汽机作为动力机被广泛使用为标志的第一次工业革命以后，由于机器生产的发展，生产中开始大量使用机器设备，但工厂规模小、生产水平低、技术水平落后、机器结构简单，因此机器操作人员可以兼作维修人员，不需要专门的设备维修人员。

（2）专修阶段

随着工业发展和技术进步，尤其在19世纪后半期，以电力的发明和应用为标志的第二次工业革命以后，由于内燃机、电机等广泛使用，生产设备的类型逐渐增多，机器结构越来越复杂，因此设备的故障和意外事故不断增加，对生产的影响更为突出。这时设备维修工作显得更加重要，操作人员兼做修理工作已不能适应生产，于是修理工作便从生产中分离出来，出现了专职维修人员。但这时实行的仍然是事后维修，也就是设备坏了才进行修理，不坏不修。因此，设备管理是从事后维修开始的，但这个时期还没有形成科学、系统的设备管理理论。

2. 计划预防维修

计划预防维修是指在机械设备发生故障之前，对易损零件或容易发生故障的部位有计划地安排维修或换件，以防设备事故的发生。计划预防维修理论及制度的形成和完善可分为以下三个阶段。

（1）定期计划预防维修方法形成阶段

在该阶段，各国都出现了定期计划检查、维修的方法和组织机构。

（2）计划预防维修制度形成阶段

20世纪初期，由于机器设备发生了变化，单机自动化已用于生产，出现了高效率、复杂的设备，所以人们先后制定出计划预防维修制度。

（3）统一计划预防维修制度阶段

随着自动化程度不断提高，人们开始注意到维修的经济效益，制定了一些规章制度和定额，计划预防维修制度日趋完善。

3. 设备的综合管理

设备的综合管理是对设备实行全面管理的一种重要方式。它是在设备维修的基础上，为了提高设备管理的技术，获得最佳的经济和社会效益，并针对使用现代化设备带来的一系列新问题，而逐步发展起来的一种新型的设备管理体系。设备的综合管理继承和吸纳了设备工程及设备综合工程学的成果，吸收了现代管理理论（包括系统论、控制论、信息论等），尤其是经营理论、决策理论，综合了现代科学技术的新成就（主要是故障物理学、可靠性工程、维修性工程等）。

（三）我国企业内设备管理的发展与形式

我国企业内设备管理形式主要有两种：一种是在企业厂长（或经理）的统一领导下，企业设备系统与生产系统并列，由企业两位副厂长（或副经理）分别领导各自系统工作，有些企业内部成立了几个大中心或多个公司，其中，技术装备中心（或设备工程公司）承担设备的综合管理，在经济体制改革过程中，随着各类承包责任制的推行，技术装备中心（或设备工程公司）一般都逐步发展为相对独立、自主经营、自负盈亏的经济实体；另一种是基层设备管理组织形式，我国大多数企业在推行设备综合管理过程中，继承了我国群众参加管理的优良传统，参照日本全面生产维护（total productive maintenance，TPM）的经验，在基层建立了生产操作人员参加的项目管理小组。

（四）数控设备管理的内容

数控设备管理的内容主要有企业设备物质运动形态和价值运动形态的管理。企业设备物质运动形态的管理是指从设备的选型、购置、安装、调试、验收、使用、维护、修理、更新改造直至报废的管理，企业的自制设备管理还包括设备的调研、设计、制造等全过程的管理，不管是自制还是外购设备，企业都有责任把设备管理的信息反馈给设计制造部门，同时，设计制造部门也应及时向使用部门提供各种改进资料，对设备实现从无到有直到应用于生产的管理；企业设备价值运动形态的管理是指从设备的投资决策、自制费、维护费、修理费、折旧费、占用税、更新改造资金的筹措到支出，实行企业设备的经济管理，使设备整个使用周期的总费用最经济。前者一般称为设备的技术管理，由设备主管部门承担；后者称为设备的经济管理，由财务部门承担。将这两种运动形态的管理结合起来，贯穿设备管理的全过程，即设备综合管理。设备综合管理有以下几方面内容。

1. 设备的合理购置

设备的购置主要依据技术上先进、经济上合理、生产上可行的原则。一般应从下面几个方面进行考虑，合理购置。

①设备的效率，如功效、行程、速度等。

②设备的精度、性能的保持性，零件的耐用性、安全可靠性。

③可维修性。

④耐用性。

⑤节能性。

⑥环保性。

⑦成套性。

⑧灵活性。

2. 设备的正确使用与维护

将安装、调试好的机器设备投入生产，若机器设备能合理使用，则可大大减少设备的磨损和故障，保持良好的工作性能和应有的精度。应严格执行有关规章制度，防止超负荷、拼设备现象发生，并使企业职工全员参加设备管理工作。

设备在使用过程中，会出现松动、干摩擦、异常响声、疲劳等现象，应及时进行检查、处理，防止设备过早磨损，确保设备在使用时设备台完好，并处于良好的技术状态。

3. 设备的检查与修理

设备的检查是对机器设备的运行情况、工作精度、磨损程度进行检查和校验。通过修理和更换磨损、腐蚀的零部件，设备的效能可得到恢复。只有通过检查，才能确定采用什么样的维修方式，并及时消除隐患。

4. 设备的更新改造

应该有计划、有重点地对现有设备进行技术改造和更新。设备的更新改造包括编制设备更新规划与方案、筹措更新改造资金、选购和评价新设备、合理处理老设备等。

5. 设备的安全、经济运行

要使设备安全、经济运行，就必须严格执行运行规程，加强巡回检查，防止并杜绝设备的"空跑"、漏油等问题，以及做好节能工作。对于压力容器、压力管道与防爆设备，应严格按照国家颁布的有关规定进行使用，并定期检查与维修。水、气、电、蒸汽的生产与使用，应制定各类消耗定额，严格进行经济核算。

6. 生产组织方面

生产组织方面，应合理组织生产，按设备的操作规程进行操作，禁止违规操作，以防设备损坏和安全事故的发生。

（五）我国设备管理体制与组织形式

1. 厂（公司）级设备管理领导体制

（1）厂级领导成员之间的分工厂（公司）级设备管理领导体制

厂级领导成员之间的分工厂（公司）级设备管理领导体制是指企业高层领导班子在设备管理方面的分工协作关系。我国企业内设备管理领导体制有以下几种情况。

①设备副厂长（或副经理）与生产副厂长（或副经理）并列，即在厂长（或经理）的统一领导下，企业设备系统与生产系统并列，由两位副厂长（或副经理）分别领导各自系统工作。我国冶金系统的不少大型企业采用这种设备管理领导体制。据报道，瑞典的不少企业也采用这种设备管理领导体制，在总经理的领导下，设立维修经理与生产经理。

②生产副厂长（或副经理）领导企业设备系统工作，即由生产副厂长（或副经理）直接领导设备处（科、室）。

③总工程师领导企业设备系统工作。

（2）设备综合管理委员会（或综合管理小组）

设备综合管理委员会是我国不少企业在推行设备综合管理过程中逐步建立的机构，在厂长的直接领导下，由企业各业务系统主要负责人参加。其主要任务：处理设备工作中重大事项的横向协调，如《设备管理条例》的贯彻执行；重大设备的引进或改造；折旧率的调整和折旧费的使用等。

（3）技术装备中心

有些企业内部成立了几个大中心或多个公司，其中，技术装备中心（或设备工程公司）承担设备的综合管理。在经济体制改革过程中，随着各类承包责任制的推行，技术装备中心（或设备工程公司）一般都逐步发展为相对独立、自主经营、自负盈亏的经济实体。

2. 基层设备管理组织形式

随着企业内部承包制的发展，在企业基层班组中出现了多种设备管理组织形式，其重要特点是打破了两种传统分工：一是生产操作人员与设备维修人员的分工；二是检修人员内部机械与电气的分工。有些企业成立了包机组，把与设备运行直接有关的工人组成一个整体，成为企业生产设备管理的基层组织和内部相对独立核算的基本单位，并且包机组的每个操作人员在设备使用过程中兼做设备的维护和保养工作，这样安排既可减少故障发生率，又可延长设备使用寿命。

知识点2　数控设备的管理模式

数控设备的管理由封闭式管理逐步发展为现代化、信息化、网络化管理模式，由定期维修向预知维修转变。管理水平的提高使数控设备的使用率和无故障率得到明显提升，保证了企业数控设备的连续、高效运转，生产效益明显提高，为企业的稳定生产打下坚实基础。

一、封闭式管理模式与现代化管理模式

随着工业化、经济全球化、信息化的发展，机械制造、自动控制、可靠性工程及管理科学出现了新的突破，越来越多的设备使用了数控技术，许多生产车间都有了数控设备，封闭式管理模式不再适用。如采用封闭式管理模式，则每个单位均要建立维修机构并配备人员，不但造成人力、物力和财力的极大浪费，而且现实的条件也不允许。现代设备的科学管理出现了新的模式，即数控设备的使用、管理和维修归各自相关部门负责的现代化管理模式，并使用计算机网络技术实现了对设备的综合管理。

二、现代化企业内设备管理的发展趋势

管理的信息化是指以发达的信息技术和信息设备为物质基础，对管理流程进行重组和再造，使管理技术和信息技术全面融合，实现管理过程自动化、数字化、智能化。

（一）设备管理信息化趋势

设备管理的信息化应该以丰富、发达的全面管理信息为基础，通过先进的计算机、通信设备及网络技术设备，充分利用社会信息服务体系和信息服务业务为设备管理服务。设备管理的信息化是现代社会发展的必然趋势。

设备管理信息化趋势的实质是对设备实施全面的信息管理，主要表现在以下几个方面。

1. 设备投资评价的信息化

企业在投资决策时，一定要进行全面的技术经济评价，设备管理的信息化为设备的投资评价提供了一种高效、可靠的途径。通过设备信息管理系统的数据库获得投资决策所需的统计信息及技术经济分析信息，为设备投资提供全面、客观的依据，从而保证设备投资决策的科学化。

2. 设备经济效益和社会效益评价的信息化

由于设备使用效益的评价工作量过于庞大，因此很多企业都不做这方面的工作。设备信息管理系统可以积累与设备使用有关的经济效益和社会效益评价信息，并利用计算机短时间内对大量信息进行处理的优点，不仅可以提高设备效益评价的效率，还可以为设备的有效运行提供科学的监控手段。

3. 设备使用的信息化

设备管理的信息化使各种设备使用信息的记录更加容易和全面，这些设备使用信息可以通过设备制造商的客户关系管理反馈给机床厂，提高机器设备的实用性、经济性和可靠性。同时，设备使用者通过对设备使用信息的分享和交流，强化了设备的管理和使用。

（二）设备维修社会化、专业化、网络化趋势

设备维修社会化、专业化、网络化的实质是建立设备维修供应链，改变过去大而全、小而全的生产模式。随着生产规模化、集约化，设备系统越来越复杂，技术含量也越来越高，维修保养需要各类专业技术建立高效的维修保养体系，才能保证设备的有效运行。传统的维修组织方式已经不能满足生产的要求，有必要建立一种社会化、专业化、网络化的维修体制。

设备维修的社会化、专业化、网络化可以提高设备的维修效率，减少设备使用单位备品配件的储存量及维修人员，从而提高了设备使用效率，降低了资金占用率。

（三）可靠性工程在设备管理中的应用趋势

现代设备的发展方向是自动化、集成化。由于设备系统越来越复杂，对设备性能的要求也越来越高，因此势必要提高对设备可靠性的要求。

可靠性是一门研究技术装备和系统质量指标变化规律的科学，并在研究的基础上制定能以最少的时间和费用，保证设备所需的工作寿命和零故障率的方法。可靠性科学是在预测系统状态和行为的基础上建立选取最佳方案的理论，从而保证所要求的可靠性水平。

可靠性标志着机器设备在其整个使用周期内保持所需质量指标的能力。不可靠的设备

显然不能有效工作，无论是个别零部件的损伤，还是技术性能降到允许水平以下而造成的停机，都会带来巨大的损失，甚至灾难性后果。

可靠性工程通过研究设备的初始参数在使用过程中的变化，预测设备的行为和工作状态，进而估计设备在使用条件下的可靠性，从而避免设备意外停止作业、重大损失和灾难性事故的发生。

（四）设备状态监测和故障诊断技术的应用趋势

设备状态监测技术是指将监测设备或生产系统的温度、压力、流量、振动、噪声、润滑油黏度、消耗量等各种参数，与机床厂的数据进行对比，分析设备运行的好坏，对机组故障进行早期预测、分析诊断与排除，将事故消灭在萌芽状态，缩短设备故障停机时间，提高设备运行可靠性，延长机组运行周期。

设备故障诊断技术是一种在了解和掌握设备使用过程状态的基础上，确定其整体或局部是否正常，尽早发现故障及其原因，并能预测故障发展趋势的技术。

随着科学技术与生产力的发展，机械设备工作强度不断增大，生产效率、自动化程度越来越高，同时设备更加复杂，各部分的关联越来越密切，往往某处微小故障就会引发连锁反应，导致整个设备甚至与设备有关的环境遭受灾难性的毁坏，不仅会造成巨大的经济损失，而且会危及人身安全，后果极为严重。采用设备状态监测和故障诊断技术，就可以事先发现故障，从而避免造成较大的经济损失和发生事故。

这一技术的应用改变了原有的维修体制，节省了大量维修费用。长期以来我国对机械设备主要采用计划维修，常常不该修的修了，不仅费时、花钱，甚至还降低了设备的工作性能；该修的又没修，不仅降低了设备的使用寿命，而且还会导致事故的发生。采用故障诊断技术后，可以变事后维修为事前维修，变计划维修为预知维修。

（五）从定期维修向预知维修转变的趋势

设备的预知维修管理是现代设备科学管理的发展方向，为减少设备故障，降低设备维修成本，防止设备意外损坏，通过设备状态监测技术和故障诊断技术，在设备正常运行的情况下，进行设备整体维修和保养。在工业生产中，通过预知维修，降低事故率，使设备在最佳状态下正常运转，这是保证生产按预定计划完成的必要条件，也是提高企业经济效益的有效途径。

预知维修的发展和设备管理的信息化及设备状态监测和故障诊断技术的发展是密切相关的。预知维修需要的大量信息是由设备信息管理系统提供的，通过对设备的状态监测，得到关于设备或生产系统的温度、压力、流量、振动、噪声、润滑油黏度、消耗量等各种参数，由专家系统对各种参数进行分析，进而实现对设备的预知维修。

以上提到的现代设备管理的几个发展趋势并不是孤立的，它们之间相互依存、相互促进：信息化在设备管理中的应用可以促进设备维修的专业化、社会化；预知维修离不开设备状态监测和故障诊断技术以及可靠性工程；设备维修的专业化又促进了设备状态监测和故障诊断技术、可靠性工程的研究和应用。

设备管理的新趋势是和当前社会生产的技术经济特点相适应的，这些新趋势带来了设备管理水平的提升，如表 1－1 所示。

表 1 - 1　新趋势带来的设备管理水平提升

新趋势	带来的提升
设备管理信息化	1. 设备投资评价的信息化。 2. 设备经济效益和社会效益评价的信息化。 3. 设备使用的信息化
设备维修的社会化、专业化、网络化	1. 保证维修质量，缩短维修时间，提高维修效率，减少停机时间。 2. 保证零配件的及时供应、价格合理。 3. 节省技术培训费用
可靠性工程的应用	1. 避免意外停机。 2. 保证设备的工作性能
设备状态监测和故障诊断技术的应用	1. 保证设备的正常工作状态。 2. 保证物尽其用，发挥最大效益。 3. 及时对故障进行诊断，提高维修效率
从定期维修向预知维修的转变	1. 节约维修费用。 2. 降低事故率，减少停机时间

知识点 3　数控设备的技术管理与资产管理

随着我国科学技术的不断发展，数控机床得到了比较广泛的应用，尤其在制造业中数控机床的使用越来越普遍。但是我国对于数控设备的使用和管理却一直处于比较低的水平。建立完整的数控设备技术和资产管理制度是大势所趋，也是为了能更好地利用数控设备为国家经济建设做贡献。

一、数控设备的技术管理

技术管理是企业有关生产技术组织与管理工作的总称，是保证数控设备正常运行的关键要素，技术管理的内容包括以下几个方面。

（一）设备前期管理

设备前期管理又称设备规划工程，是指从制定设备规划方案到设备投产这一阶段全部活动的管理工作，包括设备的规划决策、外购设备的选型采购和自制设备的设计制造、设备的安装调试和设备初期使用的管理四个环节。其主要研究内容：设备规划方案的调研、制定、论证和决策；设备货源调查及市场情报的搜集、整理与分析；设备投资计划及费用预算的编制与实施程序的确定；自制设备设计方案的选择和制造；外购设备的选型、订货及合同管理；设备的开箱检查、安装、调试运转、验收与投产使用；设备初期使用的分析、评价和信息反馈等。做好设备的前期管理工作，为设备投产后的使用、维修、更新改造等管理工作奠定了基础、创造了条件。

（二）设备资产管理

设备资产管理是一项重要的基础管理工作，是对设备运动过程中的物质形态和价值形态的某些规律进行分析、控制和实施管理。由于设备资产管理涉及面比较广，因此应实行"一把手"工程，设备管理部门、设备使用部门和财务部门共同努力、互相配合，做好设备资产管理这项工作。

当前，企业设备资产管理工作的主要内容有以下几个方面。

①保证固定资产的物质形态完整和完好，并能正常维护、正确使用和有效利用。

②保证固定资产的价值形态清楚、完整和正确无误，及时做好固定资产清理、核算和评估等工作。

③重视提高设备利用率与设备资产经营效益，确保资产的保值、增值。

④强化设备资产动态管理理念，使企业设备资产保持高效运行状态。

⑤积极参与设备及设备市场交易，调整企业设备存量资产，促进全社会设备资源的优化配置和有效运行。

⑥完善企业资产产权管理机制。在企业经营活动中，企业不得使资产及权益遭受损失。企业资产如发生产权变动，则应进行设备的技术鉴定和资产评估。

（三）设备状态监测管理

1. 设备状态监测的概念

对运转中的设备整体或其零部件的技术状态进行检查鉴定，以判断其运转是否正常、有无异常与劣化征兆，或对异常情况进行追踪，预测其劣化趋势，确定其劣化及磨损程度等，这种活动就称为状态监测。状态监测的目的在于掌握设备发生故障之前的异常征兆与劣化信息，以便事前采取针对性措施控制和防止故障的发生，从而缩短故障停机时间，减少停机损失，降低维修费用和提高设备有效利用率。

对于在使用状态下的设备进行不停机或在线监测，确切掌握设备的实际特性有助于判定需要修复或更换的零部件和元器件，充分利用设备和零件的潜力，避免过度维修，节约维修费用，减少停机损失。在线监测对自动生产线、流水式生产线及复杂的关键设备来说，意义更为突出。

2. 状态监测与定期检查的区别

设备的定期检查是针对实施计划预防维修的生产设备在一定时期内进行的较为全面的一般性检查，间隔时间较长（多在半年以上），检查方法多靠主观感觉与经验，目的在于保持设备的规定性能和正常运转。而状态监测是以关键设备（如生产联动线，精密、大型、稀有设备，动力设备等）为主要对象，监测范围较定期检查小，要使用专门的监测仪器针对事先确定的监测点进行间断或连续的监测检查，目的在于定量地掌握设备的异常征兆和劣化的动态参数，判断设备的技术状态及损伤部位和原因，以决定相应的维修措施。

设备状态监测是设备诊断技术的具体实施，是一种掌握设备动态特性的检查技术。它包括了各种主要的非破坏性检查技术，如噪声监测、振动监测、应力监测、腐蚀监测、泄

学习情境一 数控设备管理技术基础

漏监测、温度监测、磨粒测试、光谱分析及其他各种物理监测技术等。

设备状态监测是实施设备状态维修的基础，根据设备检查与状态监测结果，确定设备的状态维修方式。所以，实行设备状态监测与状态维修的优点如下。

①减少因机械故障引起的灾害。

②增加设备运转时间。

③减少维修时间。

④提高生产效率。

⑤提高产品和服务质量。

设备状态是否正常，有无异常征兆或故障出现，可根据设备状态监测取得的设备动态参数（温度、振动、应力等）和缺陷状态，与标准状态进行对照加以鉴别，如表1-2所示。

表1-2　设备状态对比

设备状态	动态参数和缺陷状态			设备性能
	应力	性能	缺陷状态	
正常	在允许值内	满足规定	微小缺陷	满足规定
异常	超过允许值	部分降低	缺陷扩大（如噪声、振动增大）	接近规定，一部分降低
故障	达到破坏值	达不到规定	破损	达不到规定

3. 设备状态监测的分类与工作程序

设备状态监测按其监测的对象和状态划分，可分为以下两个方面的状态监测。

（1）机器设备的状态监测

机器设备的状态监测是指监测设备的运行状态，如监测设备的振动、温度、油压、油质劣化、泄漏等情况。

（2）生产过程的状态监测

生产过程的状态监测是指监测由几个因素构成的生产过程的状态，如监测产品质量、流量、成分、温度或工艺参数量等。

上述两个方面的状态监测是相互关联的。例如，生产过程发生异常，将会发现设备异常或导致设备故障；反之，往往由于设备运行状态发生异常，出现生产过程的异常。

设备状态监测按监测手段划分，可分为以下两个类型的状态监测。

（1）主观性状态监测

主观性状态监测是指由设备维修或检测人员凭感觉和技术经验对设备的技术状态进行检查和判断。这是目前在设备状态监测中使用较为普遍的一种监测方法。由于这种方法依靠的是人的主观感觉和经验、技能，要准确地进行判断难度较大，因此必须重视对检测、维修人员的技术培训，编制各种检查指导书，绘制不同状态比较图，以提高检测、维修人员主观检测的可靠程度。

（2）客观性状态监测

客观性状态监测是指由设备维修或检测人员利用各种监测器械和仪表，直接对设备的关键部位进行定期、间断或连续监测，以获得设备技术状态（如磨损、温度、振动、噪声、压力等）变化的图像、参数等确切信息。这是一种能精确测定劣化数据和故障信息的方法。

当系统地实施状态监测时，应尽可能采用客观性状态监测方法。一般情况下，使用一些简易方法是可以达到客观性状态监测效果的。但是，为了能在不停机和不拆卸设备的情况下取得精确的检测参数和信息，就需要购买一些专门的监测仪器和装置，其中有些仪器和装置的价格比较昂贵。因此，在选择监测方法时，必须从技术与经济两个方面进行综合考虑，既要能不停机迅速取得正确、可靠的信息，又必须保证经济合理。这就要将购买仪器和装置所需费用同故障停机造成的总损失加以比较，来确定应当选择哪种监测方法。一般来说，对以下四种设备应考虑采用客观性状态监测方法：发生故障时对整个系统影响大的设备，特别是自动化流水式生产线和联动设备；必须确保安全性能的设备，如动能设备；价格昂贵的精密、大型、重型、稀有设备；故障停机修理费用高及停机损失大的设备。

（四）设备安全环保管理

设备使用过程中不可避免地会出现以下问题。

①废水、废液——油、污浊物、重金属类废液，此外还有温度较高的冷却排水等。

②噪声——泵、空气压缩机、空冷式热交换器、鼓风机，以及其他直接生产设备、运输设备等产生的噪声。

③振动——空气压缩机、鼓风机以及其他直接生产设备等产生的各种振动。

④工业废弃物——金属切屑。

这些问题处理不好会影响企业环境和正常生产，因此在设备管理过程中必须考虑设备使用的安全环保问题，确定相应处理措施，配备处理设备，同时还要对这些设备做好维修和保养，将其视为生产系统的一部分，并进行管理。

（五）设备润滑管理

设备润滑是指将具有润滑性能的物质注入相对运动零件的接触表面，以减少接触表面的摩擦、降低磨损的技术方式。给机器相对运动零件接触表面上润滑剂，使润滑剂牢牢地吸附在接触表面上，并形成一种润滑油膜。这种油膜与零件的接触表面结合得很好，因而两个接触表面能够被润滑剂有效地隔开。这样，零件间接触表面的摩擦就变为润滑剂本身分子间的摩擦，从而起到降低摩擦、磨损的作用。设备润滑是延缓零件磨损和防止其他形式失效的重要手段之一，润滑管理是设备工程的重要内容之一。加强设备的润滑管理工作，并把它建立在科学管理的基础上，对保证企业的均衡生产、保证设备完好并充分发挥设备效能、减少设备事故和故障、提高企业经济效益和社会效益都有着极其重要的意义。因此，设备润滑管理工作是企业内设备管理中不可忽视的环节。

润滑的作用一般可归结为控制摩擦、减少磨损、降温冷却、防止接触表面锈蚀、冲洗、密封、减振等。润滑的这些作用是互相依存、互相影响的。如不能有效地减少摩擦和磨损，就会产生大量的摩擦热，迅速破坏接触表面和润滑剂本身，这就是摩擦时缺油会出现润滑故障的原因。必须根据摩擦副的工作条件和作用性质，选用适当的润滑材料；确定正

学习情境一 数控设备管理技术基础

确的润滑方式，设计合理的润滑装置和润滑系统；严格保持润滑剂和润滑部位的清洁；保证供给适量的润滑剂，防止缺油及漏油；适时清洗、换油，既保证润滑又节省润滑材料。

为达到上述要求，必须做好设备润滑管理工作。

1. 设备润滑管理的目的

控制设备摩擦、减少和消除设备磨损的一系列技术方法和组织方法，称为设备润滑管理。其目的是正确润滑设备，减少和消除设备磨损，延长设备使用寿命；保证设备正常运转，防止设备发生事故和降低设备性能；减少摩擦阻力，降低动能消耗；提高设备的生产效率和产品加工精度，保证企业获得良好的经济效益；合理润滑，节约用油，避免浪费。

2. 设备润滑管理的基本任务

设备润滑管理的基本任务包括建立设备润滑管理制度和工作细则，编制润滑工作人员的职责；搜集润滑技术、管理资料，建立润滑技术档案，编制润滑卡片，指导操作人员和专职润滑人员做好润滑工作；核定单台设备润滑材料及其消耗定额，及时编制润滑材料计划；检查润滑材料的采购质量，做好润滑材料进库、保管、发放的工作；编制设备定期换油计划，并做好废油的回收、利用工作；检查设备润滑情况，及时解决存在的问题，更换缺损的润滑元器件、装置、加油工具和用具，改进润滑方法；采取积极措施，防止和治理设备漏油；做好有关人员的技术培训工作，提高润滑技术水平；贯彻润滑的"五定"原则：定人（定人加油）、定时（定时换油）、定点（定点给油）、定质（定质进油）、定量（定量用油），总结推广和学习应用先进的润滑技术和经验，实现科学管理。

（六）设备维修管理

设备维修管理工作有以下主要内容。

①设备维修技术资料的管理。

②编制设备维修技术文件，主要包括维修技术任务书、修换件明细表、材料明细表、修理工艺规程及维修质量标准等。

③制定磨损零件修换标准。

④在设备维修中，推广有关新技术、新材料、新工艺，以提高维修技术水平。

⑤设备维修用量、检具的管理等。

（七）设备备件管理

1. 备件的技术管理

备件的技术管理是指技术基础资料的收集与技术定额的制定工作。备件的技术管理主要包括备件图纸的收集、测绘、整理，备件图册的编制；各类备件统计卡片和储备定额等基础资料的设计、编制及备件卡的编制工作。

2. 备件的计划管理

备件的计划管理是指备件从提出自制计划或外协、外购计划到备件入库这一阶段的管理工作，可分为年、季、月自制备件计划，外购备件年度及分批计划，铸、锻毛坯件的需要量申请、制造计划，备件零星采购和加工计划，备件的修复计划。

3. 备件的库房管理

备件的库房管理是指从备件入库到发出这一阶段的库存控制和管理工作。备件的库房管理包括备件入库时的质量检查、清洗、涂油防锈、包装、登记上卡、上架存放；备件收、发及库房的清洁与安全；订货点与库存量的控制；备件的消耗量、资金占用额、资金周转率的统计分析和控制；备件质量信息的搜集等。

4. 备件的经济管理

备件的经济管理是指备件的经济核算与统计分析工作，包括备件库存资金的核定、出入库账目的管理、备件成本的审定、备件消耗统计和备件各项经济指标的统计分析等。备件的经济管理应贯穿备件管理的全过程，同时应根据各项经济指标的统计分析结果来衡量、检查备件管理工作的质量和水平，从而达到总结经验、改进工作的目的。

备件管理机构和人员配置，与企业的规模、性质有关。表1-3列出的内容为一般机械企业配置情况，可供参考。其中所列的人员配置是企业在自行生产和储备备件情况下的组织机构。在备件逐步走入专业化生产和集中供应的情况下，企业备件管理人员的工作重点应是科学、及时地掌握市场供应信息，减少人员配置，并降低备件储备数量和库存资金。

表1-3　一般机械企业备件管理机构和人员配置

企业规模	组织机构	人员配置	职责范围
大型企业	备件科（或组） 备件专门生产车间 备件总库	备件计划员 备件生产调度员 备件采购员 备件质量检验员 备件库管理员 备件经济核算员	备件技术管理、备件计划管理。 自制备件生产调度。 外购备件采购。 备件质量检验。 备件检验、收发、保管。 备件经济管理
中型企业	设备科管理组（或技术组） 备件库房 机修分企业（车间）	备件技术员 备件计划员（可兼职） 备件采购员 备件库管理员 备件经济核算员（可兼职）	备件技术管理、备件计划管理。 自制备件生产调度。 外购备件采购。 备件质量检验。 备件检验、收发、保管。 备件经济管理
小型企业	设备科（或组） 合并的备件库与材料库	备件技术员 备件库管理员（可兼职）	满足维修生产，不断完善备件管理工作

（八）设备更新改造管理

1. 设备更新改造的目标

（1）提高加工效率和产品质量

设备经过改造后，要使原设备的技术性能得到改善，提高精度和增加功能，使之达到或局部达到新设备的水平，满足产品生产的要求。

（2）提高设备运行安全

对影响人身安全的设备，应进行针对性改造，防止人身伤亡事故的发生，确保安全生产。

（3）节约能源

通过设备改造提高能源的利用率，大幅度节电、节煤、节水，在短期内收回设备改造投入的资金。

（4）保护环境

有些设备对生产环境乃至社会环境会造成较大污染，如烟尘污染、噪声污染及工业水污染。要积极进行设备改造，消除或减少污染，改善生存环境。

此外，对进口设备的国产化改造和对闲置设备的技术改造，也有利于降低修理费用和提高资产利用率。

2. 设备更新改造的实施

①编制和审定设备更新申请单。设备更新申请单由企业主管部门根据各设备使用部门的意见汇总编制，经有关部门审查，在充分进行技术经济分析论证的基础上，确认实施的可能性和资金来源等方面情况，经上级主管部门和厂长审批后实施。

设备更新申请单的主要内容包括以下几个方面。

a. 设备更新的理由（附技术经济分析报告）。

b. 对新设备的技术要求，包括对随机附件的要求。

c. 现有设备的处理意见。

d. 订货方面的商务要求及要求使用的时间。

e. 对旧设备组织技术鉴定，确定残值，区别不同情况进行处理。对报废的受压容器及国家规定淘汰的设备，不得转售其他单位。目前尚无确定残值的较为科学的方法，但它是真实反映设备本身价值的量，确定它很有意义。因此残值确定的合理与否，直接关系经济分析的准确与否。

②积极筹措设备更新资金。

（九）设备专业管理

设备专业管理是指企业内设备管理系统由专业人员管理。它是相对于群众管理而言的管理活动，群众管理是指企业内与设备有关人员，特别是设备操作、维修人员参与设备的民主管理活动。专业管理与群众管理相结合可使企业的设备管理工作上下成线、左右成网，使广大干部职工关心和支持设备管理工作。设备专业管理有利于加强设备日常维修工作和提高设备现代化管理水平。

二、数控设备的资产管理

资产管理是在社会物质生产活动中，用较少的人力、物力、财力和时间，获得较大成果的管理工作的总称。

资产管理的内容包括以下几个方面。

①投资方案技术分析、评估。

②设备折旧计算与实施。

③设备寿命周期费用、寿命周期效益分析。

④备件流动基金管理。

三、数控设备的使用与运行管理

数控机床由于技术含量高，因此对其做好使用和管理工作对于企业来说具有非常重要的现实意义。

（一）数控机床的管理规定

数控机床的管理要规范化、系统化并具有可操作性。数控机床管理工作的任务概括为"三好"，即管好、用好、修好。

①管好数控机床。企业经营者必须管好本企业拥有的数控机床，即掌握数控机床的数量、质量及其变动情况，合理配置数控机床。严格执行设备的移装、调拨、借用、出租、封存、报废、改装及更新的有关管理制度，保证财产的完整齐全，保持其完好价值。操作人员必须管好自己使用的数控机床，未经上级批准不准他人使用，杜绝无证操作现象。

②用好数控机床。企业管理人员应教育本企业员工正确使用和精心维护数控机床，应依据数控机床的能力合理安排生产，不得有超性能使用和拼设备之类的行为。操作人员必须严格遵守操作维护规程，不超负荷使用数控机床及采取不文明的操作方法，认真进行日常保养和定期维护，使数控机床保持"整齐、清洁、润滑、安全"的规范标准。

③修好数控机床。车间安排生产时应考虑和预留计划维修时间，防止数控机床带病运行。操作人员要配合维修人员修好设备，及时排除故障。要贯彻"预防为主，养为基础"的原则，实行计划预防修理制度，广泛采用新技术、新工艺，保证修理质量，缩短停机时间，降低修理费用，提高数控机床的各项技术经济指标。

（二）数控机床的使用规定

1. 技术培训

为了正确、合理地使用数控机床，操作人员在独立使用设备前，必须参加基本知识、技术理论及操作技能的培训，并且在熟练技师的指导下，进行上机训练，达到一定的熟练程度。同时要参加国家职业资格考核，鉴定合格并取得资格证书后，方能独立操作使用数控机床，严禁操作人员无证上岗操作。技术培训、考核的内容包括数控机床结构性能、工作原理、传动装置、数控系统技术特性、金属加工技术规范、操作规程、安全操作要领、维护保养事项、安全防护措施、故障处理原则等。

2. 实行定人定机持证操作

数控机床必须由持职业资格证书的操作人员操作，严格实行定人定机和岗位责任制，以确保正确使用数控机床和落实日常维护工作。多人操作的数控机床应实行机长负责制，由机长对数控机床的使用和维护工作负责。公用数控机床应由企业管理人员指定专人负责维护保管。数控机床定人定机名单由使用部门提出，报设备管理部门审批，签发操作证；精密、大型、稀有、关键设备定人定机名单，由设备管理部门审核报企业管理人员批准后签发。定人定机名单批准后，不得随意变动。对于技术熟练能掌握多种数控机床操作技术的工人，考试合格后可签发操作多种数控机床的操作证。

3. 建立使用数控机床的岗位责任制

①数控机床操作人员必须严格按"数控机床操作维护规程""四项要求""五项纪律"的规定，正确使用与精心维护设备。

②日常点检，认真记录。做到班前正确润滑设备，班中注意运转情况，班后清扫擦拭设备；保持清洁，涂油防锈。

③在做到"三好"的基础上，练好"四会"基本功，做好日常和定期维护工作；配合维修人员检查、修理自己操作的设备；保管好设备附件和工具，并参加数控机床修理后的验收工作。

④认真执行交接班制度并填写好交接班及运行记录。

⑤发生设备事故时立即切断电源，保护现场，及时向生产工长和车间机械员（师）报告，听候处理。分析事故时应如实说明经过。对违反操作规程等造成的事故，操作人员应负直接责任。

4. 建立交接班制度

连续生产和多班制生产的设备必须实行交接班制度。交班人员除完成设备日常维护作业外，必须把设备运行情况和发现的问题详细记录在交接班簿上，并主动向接班人员介绍清楚，双方当面检查，在交接班簿上签字。接班人员如发现异常或情况不明、记录不清，则可拒绝接班。如交接不清，设备在接班后发生问题，则由接班人员负责。

企业对在用设备均须设交接班簿，不准涂改、撕毁。区域维修部（站）和机械员（师）应及时收集分析，掌握交接班执行情况和数控机床技术状态信息，为数控机床状态管理提供资料。

（三）数控机床的安全生产规程

1. 操作人员使用数控机床的基本功和操作纪律

（1）数控机床操作人员"四会"基本功

①会使用。操作人员应先学习数控机床操作规程，熟悉设备结构性能、传动装置，掌握加工工艺和工装工具在数控机床上的正确使用方法。

②会维护。操作人员能正确执行数控机床维护和润滑规定，按时清扫，保持设备清洁、完好。

③会检查。操作人员了解设备易损零件部位，知道完好检查项目、标准和方法，并能按规定进行日常检查。

④会排除故障。操作人员熟悉设备特点，能鉴别设备正常与异常现象，了解其零部件拆装注意事项，会进行一般故障调整或协同维修人员进行故障排除。

（2）维护使用数控机床的"四项要求"

①整齐。工具、工件、附件摆放整齐，设备零部件及安全防护装置齐全，线路管道完整。

②清洁。设备内外清洁，无"黄袍"；各滑动面、丝杠、齿条、齿轮无油污、无损伤；各部位不漏油、不漏水、不漏气，铁屑清扫干净。

③润滑。按时加油、换油，油质符合要求；油枪、油壶、油杯、油嘴齐全；油毡、油线清洁，油窗明亮，油路畅通。

④安全。实行定人定机制度，遵守操作维护规程，合理使用，注意观察设备运行情况，不出安全事故。

（3）数控机床操作人员的"五项纪律"

①凭操作证使用设备，遵守安全操作维护规程。

②保持机床整洁，按规定加油，保证合理润滑。

③遵守交接班制度。

④管好工具、附件，不得遗失。

⑤发现异常立即通知有关人员检查处理。

2. 数控机床安全生产规程

①数控机床的使用环境要避免光的直接照射和其他热辐射源，还要避免太潮湿或粉尘过多，特别要避免在有腐蚀气体的场所使用数控机床。

②为了避免电源不稳定给电子元器件造成损坏，数控机床应采取专线供电或增设稳压装置。

③数控机床的开机、关机顺序，一定要按照数控机床说明书的规定操作。

④主轴启动开始切削之前一定要关好防护罩门，程序正常运行中严禁开启防护罩门。

⑤数控机床正常运行时不允许开启电柜的门，禁止按"急停""复位"按钮。

⑥数控机床发生事故，操作人员要注意保护现场，并向维修人员如实说明事故发生前后的情况，以利于分析问题，查找事故原因。

⑦数控机床的使用一定要由专人负责，严禁其他人员随意动用数控机床。

⑧要认真填写数控机床的工作日志，做好交接工作，消除事故隐患。

⑨不得随意更改数控系统内机床厂设定的参数。

【实践活动】

任务 数字化车间

一、任务目标

①掌握数字化车间总体设计。

②掌握数字化车间系统构建策略。

二、任务要求

①完成数字化车间总体设计。

②完成数字化车间系统构建策略。

三、准备材料

阅读教材、参考资料，查阅网络资料。

四、实施步骤

数字化车间是指以制造资源、生产操作和产品为核心，将数字化的产品设计数据，在现有实际制造系统的数字化现实环境中，对生产过程进行计算机仿真优化的虚拟制造方式。数字化车间技术在高性能计算机及高速网络的支持下，采用计算机仿真与数字化现实技术，以群组协同工作的方式，概括了真实制造世界的对象和活动建模与仿真研究的各个方面。从产品概念的形成、设计到制造全过程的三维可视及交互的环境，在计算机上实现产品制造的本质过程（包括产品的设计、性能分析、工艺规划、加工制造、质量检验、生产过程管理与控制），通过计算机数字化模型来模拟和预测产品功能、性能及可加工性等各方面可能存在的问题。在数字化车间的设计和规划阶段，各种类型的人员所关心的层次有所不同，所以将数字化车间的模拟仿真力度进行层次划分，使不同类型的人员在不同阶段得到不同的模拟仿真力度。经过分析，把数字化车间系统分为以下四个层次。

1. 数字化车间层

这一层主要是对车间的设备、辅助设备及管网系统进行布局分析，对设备的占地面积和空间进行核准，为车间设计人员提供辅助分析。

2. 数字化生产线层

这一层主要关心的是所设计的生产线能否达到设计的物流节拍，生产效率、制造成本是否满足要求，帮助工业工程师分析生产线布局的合理性、物流瓶颈和设备的使用效率等问题，同时也可对制造成本进行分析。

3. 数字化加工单元层

这一层主要提供对设备之间和设备内部的运动干涉问题，并可协助设备工艺规划人员生成设备加工指令，再现真实的制造过程。

4. 数字化加工操作层

这一层主要是对上一层进行具体、详细的分析，对加工过程进行干涉等的分析，进一步对可操作人员的人机工程方面进行分析。

这四层的模拟仿真力度逐渐细化，详细到设备的一个具体动作。通过这四层的模拟仿真，达到对制造系统的设计规划优化、性能分析和能力平衡，以及工艺过程的优化和校验。

（一）数字化车间总体设计

数字化车间系统的最终目标是在数字化环境中建立相对于物理系统的车间，该系统能辅助设计人员快速可视化地规划车间布局、生产流程等，得到数字化车间模型后可以仿真生产调度、试验各种调度方案、验证布局的优劣，使车间在施工前得到充分的论证。工厂投产后，数字化车间可以和企业的企业资源计划（ERP）系统、数据库等相结合，辅助管理人员管理生产，对技术人员进行指引，帮助销售人员进行演示、促进销售等，如图1-8所示。

首先，设计人员规划车间内各种设备、各种单位的布局。设计人员根据产品、产量等信息，设计生产工艺方案，确定生产节拍。数字化车间系统提供各类设备的模型，设计人员以全 3D 可视化方式选择设备，进行布局规划。然后，系统提供构造数字化模型的工具，帮助用户导入模型。数字化车间建立后，在其上进行生产预演仿真，并验证布局是否能够提供安全的生产环境，车间内物流是否通畅，生产技术和应急方案是否可行等。最后，根据仿真结果，通过专家系统和优化方法的辅助，管理人员可以修改设计、优选方案，优选出的方案用于指导工厂的建设施工。车间正式施工前，数字化车间系统预演设备的运入和安装、生产线的组装整合、各种辅助设备或区间的摆设等。这些可以保证工厂实施时能顺利进行、避免或减少施工的失误，加速车间的建设。车间投产后，数字化车间系统、ERP 系统和真实车间三个系统互联，辅助车间的管理运营。管理人员根据 ERP 系统和数据库的信息管理生产、调整生产计划、调度物流设备等；在这些决策做出最后决定、发给真实车间执行前，管理人员先在数字化车间系统上进行预演，了解决策可能的执行状况。数字化车间和真实车间可以进行同步管理，让管理人员以可视化的方式监控生产运作、处理突发事件，或者直接作为监控真实车间的界面，控制设备、下达命令。

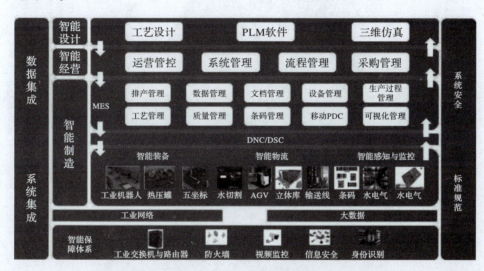

图 1-8　数字化车间设计示意

（二）数字化车间系统构建策略

数字化车间系统的规划是比较复杂的，不可能一次性完成，可以分三个阶段实现该系统，如图 1-9 所示。

1. 建立基本布局系统

设计人员通过可视化的方法对厂房设计、生产线布局和各种物流进行规划设计。在此阶段，需要建立系统的基本框架和各种车间对象的仿真模型，还要对车间内各种与生产有直接或间接关系的设备、物品进行抽象分类，并建立与之对应的对象类（class）。建立系统的人机界面，用户能方便地管理这些对象，对车间进行由总体到局部的布局。完成外部布局后允许用户设计和布置车间内部的布局，如生产线的走向、各个工位的位置、配置何种设备及如何摆放这些设备、车间内各种附件摆放位置等。

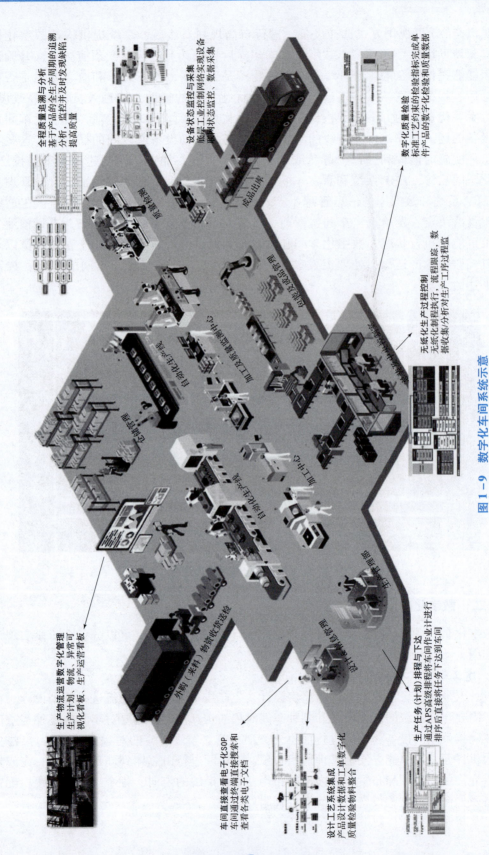

图 1-9　数字化车间系统示意

2. 加入调度控制和仿真系统

调度控制和仿真系统能对布置好的车间进行仿真，检验各种设计布局是否合理。此阶段要设计智能控制对象和统计分析系统。智能控制对象总管车间内各种事务，按照生产计划，控制生产设备进行生产，控制生产线上的物流。可以在仿真系统中对各种生产管理调度计划进行试验，检测并避免死锁等问题。当一个具体的生产车间布局完成后，可以让数字化车间系统模拟运行，检验设计的可行性和合理性，统计分析系统记录仿真运行的各种数据，进行分析优化，对发现的设计问题及时进行修正。调度控制和仿真系统是在计算机中仿真运行，除了设计工时外并不耗费任何成本，并且还可以进行多种设计的试验比较，找到最优的布局设计和调度规则。

3. 建立与车间的日常生产全面结合的接口

进行可视化的监控和管理。在此阶段，要设计数字化车间系统与物理系统的互联接口，通过局域网（local area network，LAN）、现场总线等其他技术把数字化车间的指令送到真实设备上，控制设备进行生产。同时，物理系统的信息也通过接口反馈给数字化车间系统，数字化车间系统同步显示真实车间的生产状态。监控人员可以以数字化车间系统为接口监控车间的生产，通过可视化方式监控生产过程甚至车间内发生的所有事件；同时把数字化车间系统作为控制终端，对生产进行计划外的干预，以应对特殊的情况。

在数字化车间的建设过程中，有了细致、周密的数字化规划蓝图，就拥有了数字化车间建设的基点和指南针。接下来就应该选择最合适的技术，注意是最合适的技术而不是最先进的技术，最先进的技术并不一定在企业数字化建设中发挥最大的效用，企业需要根据自身功能和用途需求合理决策。在信息化程度还比较低的企业，射频识别（RFID）技术的使用，不一定比条码技术更实用。制造业的数字化车间建设是一个大的系统工程，并非几天、几个月就能建设好并投入使用，它需要一个较长的实施周期，不能跨越式建设。每个阶段都是以前一个阶段为基础逐步推进的，而且很多问题并不是技术上的问题，而是管理、组织方式、观念的变革。

五、任务评价

数字化车间评价表如表 1-4 所示。

表 1-4　数字化车间评价表

序号	评价内容	优秀	良好	一般
1	数字化车间系统分层			
2	数字化车间总体设计			
3	数字化车间系统构建策略			

【匠心故事】

数控设备发展历程及趋势

数控设备是采用了数控技术的机械设备，或者说是装备了数控系统的机械设备。数控机床是数控设备的典型代表。

一、数控设备的发展历程

1948 年美国帕森斯（Parsons）公司在研制加工直升机螺旋桨叶片轮廓用检查样板的机床时，首先提出计算机控制机床的设想。1949 年该公司与麻省理工学院开始合作，历时三年，于 1952 年研制成功了世界上第一台三坐标直线插补连续控制的立式数控铣床样机，取名 NC。

1953 年麻省理工学院开发出只需确定零件轮廓、指定切削路线，即可生成数控程序的自动编程语言。

1959 年美国 Keaney & Trecker 公司开发成功了自带刀库，能自动进行刀具交换，二次装夹中即进行铣、钻、镗、攻丝等多种加工功能的数控机床，这就是数控机床的新种类——加工中心。

1968 年英国首次将多台数控机床、无人化搬运小车和自动仓库在计算机控制下连接成自动加工系统，这就是柔性制造系统（flexible manufacturing system，FMS）。

1974 年微处理器开始用于机床的数控系统中，从此 CNC 系统随着计算机技术的发展得以快速发展。

1976 年美国 Lockhead 公司开始使用图像编程。该方法利用计算机辅助设计（CAD）软件绘出加工零件的模型，在显示器上指定加工部位，输入所需的工艺参数，即可由计算机自动计算刀具路径、模拟加工状态，获得数控程序。

20 世纪 80 年代初，随着计算机软、硬件技术的发展，出现了能进行人机对话式自动编制程序的数控装置；数控装置小型化，可以直接安装在机床上；数控机床的自动化程度大幅提高，并具有自动监控刀具破损和自动检测工件等功能。

20 世纪 90 年代后期，出现了 PC + CNC 智能数控系统，即以 PC 为控制系统的硬件部分，在 PC 上安装数控软件系统，此种方式系统维护方便，易于实现智能化、网络化制造。

21 世纪，五轴联动加工和复合加工机床快速发展。采用五轴联动对三维曲面零件进行加工，可用刀具最佳几何形状进行切削，不仅表面粗糙度低，而且效率也得到大幅度提高。

随着微电子技术、计算机技术和软件技术的迅速发展，数控机床的控制系统日益趋向小型化和多功能化，具备完善的自诊断功能，可靠性也大大提高，数控系统本身将普遍实现自动编程。未来，数控机床的类型将更加多样化，多工序集中加工的数控机床品种越来越多。激光加工等技术将应用在切削加工机床上，从而扩大多工序集中的工艺范围。随着数控机床自动化程度的提高及具有多种监控功能，将形成一个柔性制造单元，更便于将数控机床纳入高度自动化的 FMS 中。

二、数控设备的发展趋势

①高速、高精加工技术及设备的新趋势。效率、质量是先进制造技术的主体。高速、高精加工技术可极大地提高效率，提高产品的质量和档次，缩短生产周期和提高市场竞争力。在轿车工业领域，年产 30 万辆的生产节拍是 40 s/辆，而且多品种加工是轿车制造设

备必须解决的重点问题之一。在航空和宇航工业领域，其加工的零部件多为薄壁和薄筋，刚度很差，材料为铝或铝合金，只有在高切削速度和切削力很小的情况下，才能对这些筋、壁进行加工。近年来采用将大型整体铝合金坯料"掏空"的方法制造机翼、机身等大型零件，这种方法替代将多个零件通过众多的铆钉、螺钉和其他连接方式拼装，使构件的强度、刚度和可靠性得到提高。这些都对加工设备提出了高速、高精度和高柔性的要求。

②复合化、并联驱动化。五轴联动机床和复合加工机床的发展更趋于成熟。一般认为，1 台五轴联动机床的效率可以等于 2 台三轴联动机床，特别是使用立方氮化硼等超硬材料铣刀进行高速铣削淬硬钢零件时，五轴联动加工可比三轴联动加工发挥更高的效益。但过去因五轴联动数控系统、主机结构复杂等原因，其价格要比三轴联动数控机床高出数倍，加之编程技术难度较大，制约了五轴联动机床的发展。目前，电主轴的出现，使得实现五轴联动加工的复合主轴头结构大为简化，其制造难度和成本大幅度降低，数控系统的价格差距缩小，因此促进了复合主轴头类型五轴联动机床和复合加工机床的发展。

③智能化、开放式、网络化成为当代数控系统发展的主要趋势。

21 世纪的数控系统将是具有一定智能化的系统。智能化的内容包括在数控系统的各个方面：在追求加工效率和加工质量方面的智能化，如加工过程的自适应控制、工艺参数的自动生成；为提高驱动性能及使用连接方便的智能化，如前馈控制、电机参数的自适应运算、自动识别负载、自动选定模型、自整定等；简化编程、简化操作方面的智能化，如智能化的自动编程、智能化的人机界面等；还有智能诊断、智能监控方面的内容，以及方便系统的诊断和维修等。这种智能化发展趋势可解决传统数控系统的封闭性和数控应用软件的产业化生产存在的问题。

开放式数控系统已经成为数控系统的未来之路。开放式数控系统就是数控系统的开发可以在统一的运行平台上，面向机床厂和最终用户，通过改变、增加或剪裁结构对象（数控功能），形成系列化，并可方便地将用户的特殊应用和技术诀窍集成到控制系统中，快速实现不同品种、不同档次的开放式数控系统，形成具有鲜明个性的名牌产品。目前，开放式数控系统的体系结构规范、通信规范、配置规范、运行平台、数控系统功能库以及数控系统功能软件开发工具等是研究的核心。

网络化数控设备是近两年国际著名机床博览会的一个新亮点。数控设备的网络化将极大地满足生产线、制造系统、制造企业对信息集成的需求，也是实现新的制造模式，如敏捷制造、虚拟企业、全球制造的基础单元。

三、我国数控设备现况

目前，我国数控机床的发展日新月异，高速化、高精度化、复合化、智能化、开放化、并联驱动化、网络化、极端化、绿色化已成为数控机床发展的趋势和方向。我国作为一个制造大国，主要还是依靠劳动力、价格、资源等方面的优势，而在产品的技术创新与自主开发方面与国外同行的差距还很大。我国的数控产业不能安于现状，应该抓住机会不断发展，努力发展自己的先进技术，加大技术创新与人才培训力度，提高企业综合服务能力，努力缩短与发达国家之间的差距，力争早日实现数控机床产品从低端到高端、从初级产品加工到高精尖产品制造的转变，实现从中国制造到中国创造、从制造大国到制造强国的转变。

【归纳拓展】

一、归纳总结

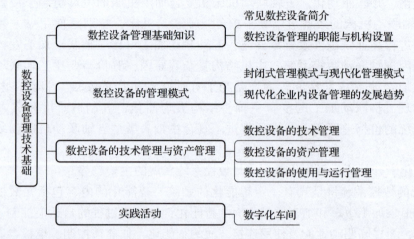

二、拓展练习

1. 数控设备管理模式设计过程中应注意什么？
2. 分析比较封闭式管理模式和现代化管理模式的优缺点。
3. 企业数控设备的管理与维护对企业经济效益有何影响？
4. 我国企业内设备管理形式主要有哪些？
5. 数控设备的技术管理内容包括哪些？
6. 设备润滑管理的目的和任务是什么？
7. 设备维修管理工作有哪些主要内容？
8. 设备更新改造的目标有哪些？
9. 数控机床的管理规定内容是什么？
10. 数控设备的计划预防维修内容有哪些？

学习情境二　数控设备的组成与维护

【学习目标】

1. 了解数控机床的组成与机械结构。
2. 掌握常用低压电器的画法与用途。
3. 读懂数控机床典型电路原理图。
4. 掌握数控系统的组成与工作原理。
5. 掌握数控机床常用气压、液压控制的画法与用途。
6. 读懂数控机床典型气压、液压控制回路。
7. 掌握数控机床日常操作与维护规程。
8. 了解数控机床运行注意事项。

【情境描述】

　　以 XK – L850 数控铣床为例，如图 2 – 1 所示，了解数控机床的组成与机械结构，掌握常用低压电器的画法与用途，读懂数控机床典型电路原理图，掌握数控系统的组成与工作原理，掌握数控机床常用气压、液压控制的画法与用途，读懂数控机床典型气压、液压控制回路，掌握数控机床日常操作与维护规程，了解数控机床运行注意事项。

图 2 – 1　XK – L850 数控铣床

【相关知识】

知识点1　数控机床的组成与机械结构

科学技术的发展对机械产品提出了高精度、高复杂性的要求，而且产品的更新换代也在加快，这对机床设备不仅提出了精度和效率的要求，而且也提出了通用性和灵活性的要求。

数控技术是用数字信息对机械运动和工作过程进行控制的技术，数控设备是以数控技术为代表的新技术对传统制造产业和新兴机械加工制造业的渗透形成的机电一体化产品，其技术范围覆盖制造业的很多领域，是现代制造业的关键设备，是企业提高效率和竞争力的关键设备。数控机床就是针对这种要求而产生的一种新型自动化机床。数控机床集微电子技术、计算机技术、自动控制技术及伺服驱动技术、精密机械技术于一体，是高度机电一体化的典型产品。数控机床本身又是机电一体化的重要组成部分，是现代机床技术水平的重要标志。数控机床体现了当今世界机床技术进步的主流，是衡量机械制造工艺水平的重要指标，在柔性生产和计算机集成制造等先进制造技术中起着基础核心作用。

一、数控机床的基本组成及各部分作用

数控机床的种类很多，但任何一种数控机床都由数控装置、伺服系统、操作面板、输入/输出（I/O）模块及机床本体组成，如图2-2所示。

数控机床的基本
组成及各部分作用

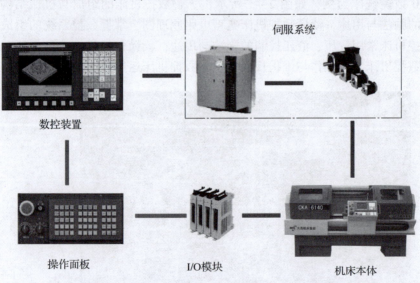

伺服系统

数控装置

操作面板　　　I/O模块　　　机床本体

图2-2　数控机床结构（FANUC 0i Mate TD 系统）

（一）数控装置

数控装置是数控机床的核心。数控装置通常是一台具有专用系统软件的微型计算机，

它由 I/O 接口线路、控制运算器和存储器等构成。数控装置接收控制介质上的数字化信息，经过控制软件或逻辑电路编译、运算和逻辑处理后，输出各种信号和指令，控制机床的各个部分进行规定、有序的动作。

（二）伺服系统

伺服系统通常由伺服驱动装置、伺服电机以及检测装置三部分组成。伺服系统接收数控系统的指令信息，并按指令信息的要求控制伺服电机的进给速度、方向，加工出符合图样要求的零件。因此，伺服系统的精度和动态响应特性是影响数控机床加工精度、表面质量和生产效率的重要因素。伺服系统的控制是以脉冲信息体现的，一个脉冲移动机床部件产生的位移量称为脉冲当量，常用机床的脉冲当量为 0.001 mm，新型高精度机床的脉冲当量可达到纳米级。目前在数控机床的伺服系统中，常用的伺服电机有步进电机、交流伺服电机和直线电机。

（三）操作面板

操作面板是数控机床的重要组成部件，是操作人员与数控机床进行交互的工具，操作人员可以通过操作面板对数控机床（系统）进行操作、编程、调试，并对数控机床参数进行设定和修改，还可以通过它了解、查询数控机床（系统）的运行状态。操作面板是数控机床特有的一个 I/O 部件，如图 2-3 所示。

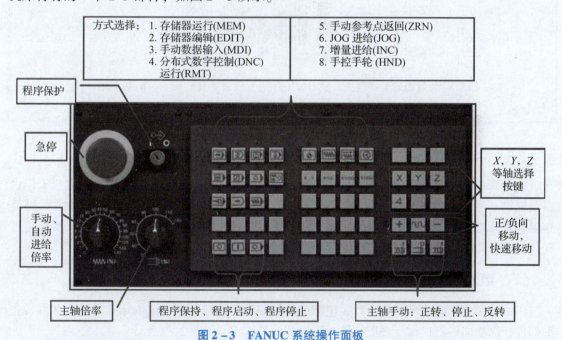

图 2-3　FANUC 系统操作面板

（四）I/O 模块

I/O 模块是连接 CNC 系统和机床本体的重要模块，是完成机床可编程机床控制器（PMC）程序控制的核心硬件。在 FANUC 系统中，连接 CNC 系统和 I/O 模块的电缆称为 I/O 总线。以 FANUC 0i 系统为例，常用的 I/O 模块如表 2-1 所示。

表2-1　常用的 I/O 模块

I/O 模块名称	说明	信号点数（I/O）
通用 I/O 模块	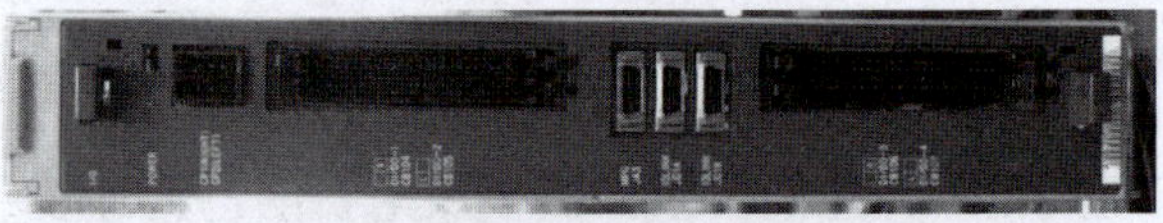 常用的 I/O 模块	96/64
操作盘 I/O 模块	 带有机床操作盘接口的模块	48/32
分线盘 I/O 模块	 分散型的 I/O 模块，能适应 I/O 信号任意组合的要求，由基本单元的最多三块扩展单元组成	96/64

（五）机床本体

与传统的机床相比，数控机床本体仍然由主传动装置、进给传动装置、床身、工作台以及辅助运动装置、液压气动系统、润滑系统、冷却装置等组成，但数控机床本体的整体布局、外观造型、传动系统、刀具系统等的结构以及操纵机构都发生了很大的改变，这种变化的目的是满足数控机床高精度、高速度、高效率以及高柔性的要求。

二、数控机床的机械结构

以卧式数控车床为例，分析数控机床的机械结构。数控车床本体由床身及导轨部件、主轴部件、纵横向进给机构、刀架部件、尾座部件等构成，如图2-4所示。

（一）床身部件

数控车床的床身部件承担车床所有其他部件的质量及切削加工时的切削力，并保证各个部件之间的相对位置关系。数控车床的床身除了采用传统的铸造床身外，也有采用加强钢肋板或钢板焊接结构的。图2-5所示为斜床身结构数控车床。

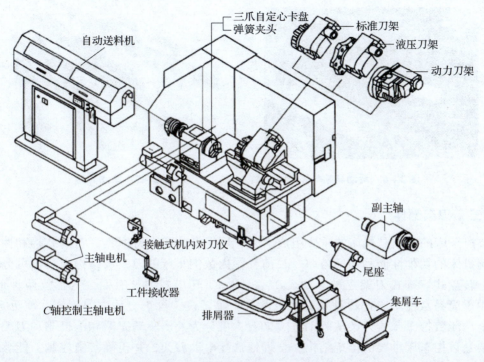

图 2 – 4　卧式数控车床总体结构

图 2 – 5　斜床身结构数控车床

（二）导轨部件

数控车床的导轨可分为滑动导轨和滚动导轨两种。滑动导轨（硬轨）具有结构简单、制造方便、接触刚度大等优点，是目前经济型数控车床的常用导轨类型，如图 2 – 6 所示。但传统滑动导轨摩擦阻力大、磨损快，动、静摩擦因数差别大，低速时易产生爬行现象。随着加工速度和精度要求的提高，目前很多数控车床已不采用传统滑动导轨，而是采用滚动导轨（线轨），如图 2 – 7 所示。滚动导轨通过滚珠或者滚柱来实现摩擦传动，优点是精度高、运行速度快，缺点是刚性不如滑动导轨。

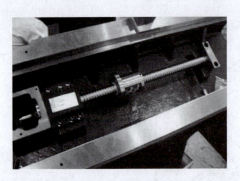

图 2-6　滑动导轨

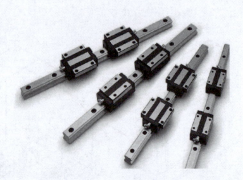

图 2-7　滚动导轨

（三）刀架部件

数控车床的刀架是机床的重要组成部分，用于安装和夹持刀具。它的结构和性能直接影响机床的切削性能和切削效率。目前，国内数控车床的刀架从结构来看，可分为转塔式、转盘式、排式刀架三种，如表 2-2 所示。转塔式刀架有四、六工位两种形式，主要用于简易数控车床；转盘式刀架有八、十等工位，可正、反方向旋转，就近选刀，用于全功能数控车床。刀架从驱动方式来看，可分为液压驱动刀架和电机驱动刀架。电动刀架是数控车床重要的传统结构，合理地选配电动刀架，并正确实施控制，能够有效提高劳动生产效率，缩短生产准备时间，消除人为误差，提高加工精度与加工精度的一致性等。

表 2-2　数控车床刀架类型

名称	图示	特点
转塔式刀架		控制简单，经济性好，是目前数控车床上采用最多的刀架类型
转盘式刀架		安装刀具数量多，换刀速度快，控制相对复杂

续表

名称	图示	特点
排式刀架		针对专用机床进行设计，换刀速度快、定位精度高、刚性好

三、机床运动分析

机床存在主运动、进给运动和辅助运动三种形式。

（一）主运动

一般来说，形成机床切削速度或消耗主要动力的工作运动称为主运动。在卧式数控车床上，主运动是指主轴带动工件做旋转运动。

（二）进给运动

机床加工过程中使刀具与工件之间产生附加的相对运动，加上主运动，机床可不断地或连续地切除切屑，并获得具有所需几何特征的已加工表面，这种运动形式称为进给运动。在卧式数控车床上，进给运动是指机床刀架沿着横向、纵向两个方向的运动。

（三）辅助运动

机床在加工过程中，刀具与工件除工作运动以外的其他运动称为辅助运动，如数控车床上刀架换刀、卡盘夹紧和松开、尾座伸出和缩回等。

CK6136 卧式数控车床的运动形式如图 2 − 8 所示。

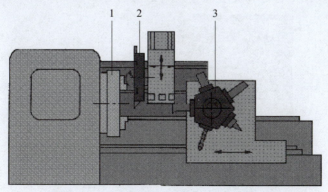

图 2 − 8　CK6136 卧式数控车床运动形式

1—主运动；2—进给运动；3—辅助运动

知识点2　数控机床的低压电器与电路连接

一、常用低压电器

低压电器是指用在 AC 50 Hz、额定电压 1 200 V 以下及直流额定电压 1 500 V 以下的电路中，能根据外界的信号和要求，手动或自动接通、断开电路，以实现对电路或电气设备的切换、控制、保护、检测和调节的电器。低压电器作为基本控制电器，广泛应用于输、配电系统和自动控制系统，在工农业生产、交通运输和国防工业中起着极其重要的作用。目前，低压电器正朝着小型化、模块化、组合化和高性能化方向发展。

（一）低压电器的分类

1. 按用途分类

①低压配电电器：包括刀开关、转换开关、熔断器和自动开关。

作用：低压配电系统对系统进行控制与保护，当系统中出现短路电流时，其热效应不会损坏电器。

②低压控制电器：包括接触器、控制继电器等。

作用：主要用于设备电气控制系统。

2. 按动作方式分类

①自动切换电器：依靠电器本身参数变化或外来信号（如电流、电压、温度、压力、速度、热量等）自动完成接通、分断或使电机启动、反向及停止等动作，如接触器、继电器等。

②手控电器：依靠外力（人力）直接操作来进行切换等动作，如按钮、刀开关等。

（二）常用低压电器

1. 断路器

断路器是将控制和保护功能合为一体的电器，主要用于过载保护、短路保护、欠压保护等。断路器外形及图形符号和文字符号如图 2-9 所示。

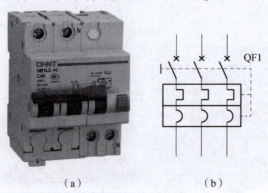

（a）　　　　　　　（b）

图 2-9　断路器外形及图形符号和文字符号

（a）外形；（b）图形符号和文字符号

2. 熔断器

熔断器是一种结构简单、使用方便、价格低廉而有效的保护电器，主要用于短路保护。当电路发生严重过载或短路时，熔断器的熔体熔断，从而切断电路，达到保护电路的目的。熔断器外形及图形符号和文字符号如图 2 – 10 所示。

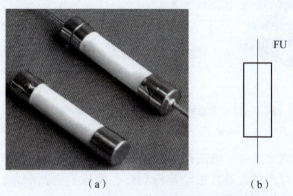

（a）　　　　　　　　　　　（b）

图 2 – 10　熔断器外形及图形符号和文字符号

（a）外形；（b）图形符号和文字符号

3. 按钮

按钮是一种结构简单、应用广泛的主令电器，在低压控制电路中用于手动发出控制信号。按钮常为复合式结构，即具有常开和常闭触点。按下时，常闭触点先断开，然后常开触点闭合。去掉外力后在复位弹簧的作用下常开触点复位。按钮外形及图形符号和文字符号如图 2 –11 所示。

（a）

图 2 –11　按钮外形及图形符号和文字符号

（a）外形；（b）图形符号和文字符号

4. 继电器

继电器用来接通和断开控制电路。中间继电器由固定铁芯、动铁芯、弹簧、动触点、静触点、线圈、接线端子和外壳组成。中间继电器的结构和原理与交流接触器基本相同。其工作原理是，线圈通电后，动铁芯在电磁力作用下动作吸合，带动动触点动作，使常闭触点断开、常开触点闭合；线圈断电后，动铁芯在弹簧的作用下带动动触点复位。常用继电器外形及图形符号和文字符号如图 2-12 所示。

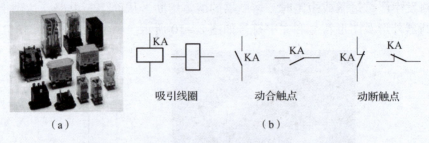

吸引线圈　　　　动合触点　　　　动断触点

（a）　　　　　　　　　　　　（b）

图 2-12　常用继电器外形及图形符号和文字符号

（a）外形；（b）图形符号和文字符号

热继电器由流入热元器件的电流产生的热量，使不同膨胀系数的双金属片发生形变，当形变达到一定距离时，双金属片推动连杆动作，使控制电路断开，从而使接触器失电、主电路断开，实现电机的过载保护。继电器作为电机的过载保护元器件，以体积小、结构简单、成本低等优点在生产中得到了广泛应用。

5. 接触器

接触器用来接通和断开负载，与热继电器组合，保护运行中的电气设备；与继电控制回路组合，远控或联锁相关电气设备。

接触器由电磁机构、触点系统、灭弧装置及其他部件四部分组成。其工作原理是，线圈通电后，铁芯产生电磁力将衔铁吸合。衔铁带动触点系统动作，使常闭触点断开、常开触点闭合；线圈断电后，电磁力消失，衔铁在弹簧的作用下释放，触点随之复位。常用接触器外形及图形符号和文字符号如图 2-13 所示。

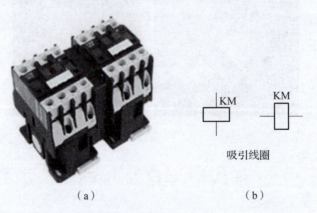

吸引线圈

（a）　　　　　　　　　　　　（b）

图 2-13　常用接触器外形及图形符号和文字符号

（a）外形；（b）图形符号和文字符号

6. 直流稳压电源

直流稳压电源的功能是将非稳定的交流电源变成稳定的直流电源。在数控机床电气控制系统中，直流稳压电源给放大器、控制单元、直流继电器、信号灯等提供直流电源。

直流稳压电源选用原则如下。

①系统输入使用的电源和输出使用的电源尽可能不同，即每台数控机床至少有两个开关电源，一个供系统、I/O、面板、光栅接口及输入 X 地址使用，另一个供输出 Y（DOCOM）地址使用。

②不要简单地增加电源容量，严禁电源并联使用。在数控机床中用得比较多的是开关电源，开关电源外形及图形符号和文字符号如图 2-14 所示。

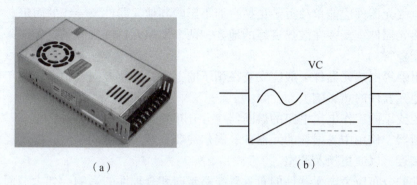

（a）　　　　　　　（b）

图 2-14　开关电源外形及图形符号和文字符号

（a）外形；（b）图形符号和文字符号

7. 变压器

数控机床上常用两种变压器：机床控制变压器和三相伺服变压器。机床控制变压器适用于 AC 50~60 Hz、输入电压不超过 660 V 的电路，作为各类机床、机械设备等一般电器的控制电源，以及步进电机驱动器、局部照明及指示灯的电源。三相伺服变压器主要用于数控机床中交流伺服电机电压与中国电网电压的匹配。两种常用变压器外形及图形符号和文字如图 2-15 所示。

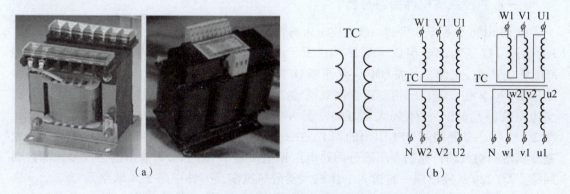

（a）　　　　　　　　　　　（b）

图 2-15　两种常用变压器外形及图形符号和文字符号

（a）外形；（b）图形符号和文字符号

（三）元器件的分布与设计参考

对于元器件的分布，一般依据以下原则进行布局。

①通过强电流和弱电流的元器件尽量分开。

②同一类元器件尽量紧靠安装，如断路器和断路器安装在一起，继电器和继电器安装在一起，接线端子排尽量布置在一排。

③查看元器件的规格说明书，检查是否有对空间和环境的特殊要求。

④布局元器件时，必须要考虑布线简洁、方便，节约成本且维修方便的要求。

⑤电气设备应有足够的电气间隙以保证设备安全、可靠地工作。

⑥电气元器件及其组装板的安装结构应尽量考虑方便正面拆装。如有可能，电气元器件的安装紧固件应能在正面紧固及松脱。

⑦各电气元器件应能单独拆装更换，而不影响其他元器件及导线的固定。

⑧发热元器件宜安装在散热良好的地方，两个发热元器件之间的连线应采用耐热导线或裸铜线套瓷管。

⑨电阻器等电热元器件一般应安装在箱子的上方，安装方向及位置应利于散热并尽量减少对其他元器件的热影响。

⑩系统或不同工作电压电路的熔断器应分开布置。

⑪熔断器、使用中易损坏的元器件、偶尔需要调整及复位的零件，应不经拆卸其他部件便可以接近，以便更换及调整。

元器件的分布应考虑元器件的布置对线路走向和合理性的影响。如大截面导线转弯半径、强弱电元器件之间的放置距离、发热元器件的方向布置等，这些都是布局时必须综合考虑的问题。

电柜的设计、电气线路的设计是影响数控机床可靠性的最重要因素，设计的先天缺陷对产品的可靠性影响非常大，有时是无法补救的。要尽量在设计中避免上述问题的出现，不要等出现问题再去补救，那样费时、费力且会对机床厂的信誉产生影响。

二、数控机床典型电路原理图分析

（一）数控系统电源回路分析

以 CK6136 数控车床为例，该数控车床的数控系统电源回路涉及的电路图主要由图 2-16、图 2-17 这两部分组成。图 2-16 所示电路的功能是将进线为 L1，L2，L3 的三相 380 V 电源通过电源总开关 QM1、断路器 QF1，送入伺服回路断路器 QF3，然后送入三相变压器 380 V 初级端，三相变压器次级端输出 200 V 三相电，一路经过电磁接触器 KM2、交流电抗器后送入一体放大器 TB1，另外一路经过断路器 QF2 送入主轴散热风扇。图 2-17 中，从断路器 QF1 引出的 3L1，3L2，3L3 送入控制回路断路器 QF6，然后送入控制变压器的初级端，控制变压器分两路电压输出。其中 AC 110 V 输出端送入接触器控制回路；AC 220 V 输出端一路送入一体放大器散热风扇，另外一路送入断路器 QF7 后，送入 24 V 开关电源，开关电源输出 DC 24 V 电源分成 4 路：一路通过继电器 KA10 常开触点送入 CNC 控制器 CP1 接口作为数控电源，一路送入一体放大器 CXA2C 接口作为一体放大器的控制电源，一路送入 I/O 模块 CP1 接口作为 I/O 模块控制电源，最后一路送入系统启动、急停、分线盘作为控制电源。

启动回路：图 2-18 中，当按下启动按钮 SB1 时，DC 24 V 经过停止按钮 SB2 后使继电器 KA10 线圈通电，图 2-18 中 KA10 常开触点闭合，DC 24 V 送入 CNC 控制器，CNC 控制器通电，系统启动。同时 KA10 常开触点闭合，形成自锁，使启动回路保持通电状态。

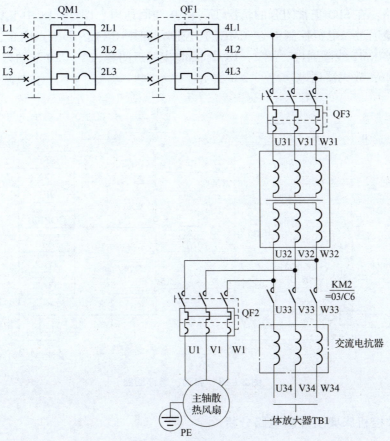

图 2 – 16　系统动力电源

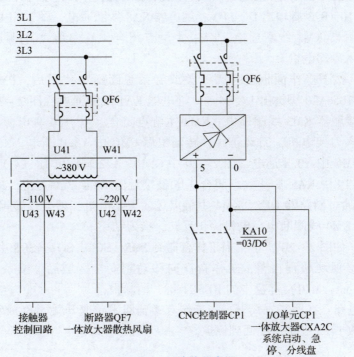

图 2 – 17　系统控制电源

急停回路：在 SB0 正常闭合的情况下，KA9 线圈通电，图 2 – 18 中 KA9 常开触点闭合、伺服自检通过，电机控制中心（MCC）控制回路中 CX3 内部触点闭合，MCC 回路导通电磁接触器 KM2 线圈通电，图 2 – 18 中 KM2 主触点闭合，AC 220 V 动力电送入一体放大器 TB1 接口，放大器通电。

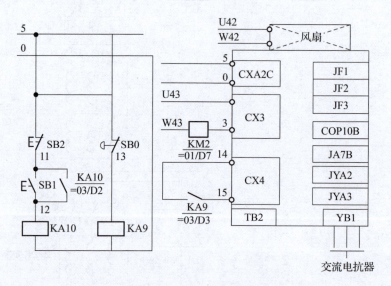

图 2 – 18　启动、急停回路

（二）数控机床典型控制电路分析

冷却电路：按下操作面板上冷却开关或者系统读到 M08 后，PMC 中 Y3.7 通电，图 2 – 20 中 CB105 B23 脚输出 DC 24 V，继电器 KA8 线圈通电，图 2 – 19 中 KA8 常开触点闭合，电磁接触器 KM1 线圈通电，KM1 主触点闭合，AC 380 V 电源通过断路器 QF4，KM1 主触点送入冷却电机。

刀架电路：按下操作面板上换刀开关或者系统读到 T 代码后，PMC 中 Y3.0 通电，图 2 – 20 中 CB105 A20 脚输出 DC 24 V，继电器 KA1 线圈通电，图 2 – 19 中 KA1 常开触点闭合，电磁接触器 KM3 线圈通电，KM3 主触点闭合，AC 380 V 电源通过断路器 QF5，KM3 主触点送入刀架电机，刀架正转，转到位后 PMC 中 Y3.0 断电，KM3 线圈断电，电机停止正转，PMC 中 Y3.4 通电，图 2 – 20 中 CB105 A22 脚输出 DC 24 V，继电器 KA5 线圈通电，图 2 – 19 中 KA5 常开触点闭合，电磁接触器 KM4 线圈通电，KM4 主触点闭合，AC 380 V 电源通过断路器 QF5、KM4 主触点送入刀架电机，刀架反转锁紧，锁紧后 PMC 中 Y3.4 断电，KM4 线圈断电，电机停止反转，换刀结束。

限位电路：如图 2 – 20 所示，当工作台碰到 SQ5，SQ6，SQ7，SQ8 中任意一个限位开关时，系统将出现硬超程报警，工作台反向移动到安全区域后，按系统手动数据输入（manual data input，MDI）键盘中的 RESET 键，消除报警。

回零减速电路：在回零方式下，当工作台碰到回零减速开关 SQ9 或者 SQ10 时，工作台按照系统参数 1425 设定速度回到原点。

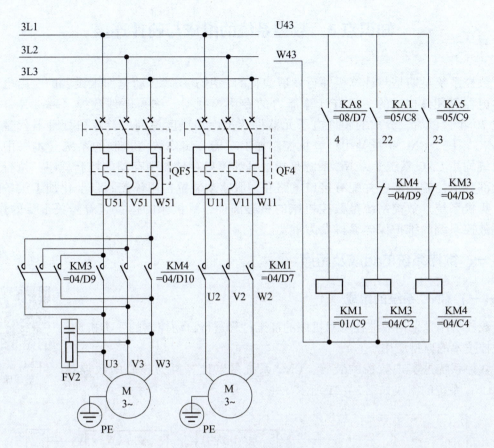

图 2 – 19　冷却、刀架电路

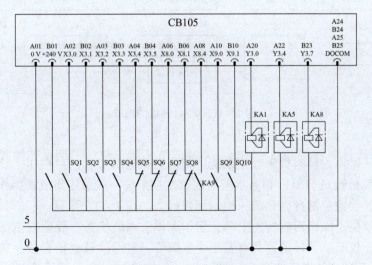

图 2 – 20　信号电路

知识点 3　数控系统的组成与硬件连接

数控系统早期是与计算机并行发展演化的、用于控制自动化加工设备的、由电子管和继电器等硬件构成的、具有计算能力的专用控制器，称为硬件数控（hard NC）。20世纪 70 年代以后，分离的硬件电子元器件逐步由集成度更高的计算机处理器代替，称为 CNC 系统。CNC 系统是用计算机控制加工功能，实现数值控制的系统（本书中的数控系统均指 CNC 系统）。CNC 系统是指根据计算机存储器中存储的控制程序，执行部分或全部数值控制功能，并配有接口电路和伺服驱动装置，用于控制自动化加工设备的专用计算机系统。数控系统是数控机床的核心部件，对机床的运行起着至关重要的作用，因此数控系统的维护保养显得尤为重要。

一、数控系统的组成及特点

（一）CNC 系统的组成

数控机床是采用数控技术对机床的加工过程进行自动控制的一类机床，是数控技术的典型应用。

数控系统是实现数控的装置，CNC 系统是以计算机为核心的数控系统。CNC 系统的组成如图 2－21 所示。

CNC 系统
的组成

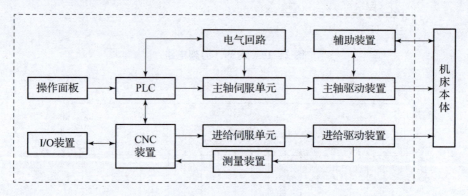

图 2－21　CNC 系统的组成

1. 操作面板

操作面板是操作人员与机床数控系统进行信息交流的工具，由按钮、状态灯、按键阵列（功能与计算机键盘类似）和显示器组成。数控系统一般采用集成式操作面板，分为三大区域：显示区、数控键盘区和机床控制面板区，如图 2－22 所示。

显示器一般位于操作面板的左上部，用于菜单、系统状态、故障报警的显示和加工轨迹的图形仿真。较简单的显示器只有若干个数码管，显示信息也很有限；较高级的系统一般配有 CRT 显示器或点阵式液晶显示器，显示的信息较丰富。低档的显示器或液晶显示器只能显示字符，高档的显示器能显示图形。

图 2-22　集成式操作面板

数控键盘包括标准化的字母数字式 MDI 键盘和 F1～F10 十个功能键，用于零件程序的编制、参数输入、手动数据输入和系统管理操作等。

机床控制面板（MCP）用于直接控制机床的动作或加工过程。一般主要包括①急停方式；②轴手动按键；③速率修调（进给修调、快进修调、主轴修调）；④回参考点；⑤手动进给；⑥增量进给；⑦手摇进给；⑧自动运行；⑨单段运行；⑩超程解除；⑪机床动作手动控制，如冷却启停、刀具松紧、主轴制动、主轴定向、主轴正反转、主轴停止等。

2. I/O 装置

输入装置的作用是将程序载体上的数控代码变成相应的数字信号，传送并存入 CNC 装置内。输出装置的作用是显示加工过程中必要的信息，如坐标值、报警信号等。数控机床的加工过程是机床数控系统和操作人员进行信息交流的过程，I/O 装置就是这种人机交互设备，典型的有键盘和显示器。CNC 系统还可以用通信的方式进行信息的交换，这是实现 CAD/CAM 集成、FMS 和计算机集成制造系统（CIMS）的基本技术。

通常采用的通信方式有以下几种。

①串行通信（RS232 等串行通信接口）。

②自动控制专用接口和规范（DNC 和制造自动化协议（MAP）等）。

③网络技术（Internet 和 LAN 等）。

3. CNC 装置

CNC 装置是 CNC 系统的核心，包括中央处理器（CPU）、存储器、局部总线、外围逻辑电路及与 CNC 系统其他组成部分联系的接口及相应控制软件。CNC 装置根据输入的加工程序进行运动轨迹处理和机床 I/O 处理，然后输出控制命令到相应的执行部件，如伺服单元、驱动装置和可编程逻辑控制器（PLC）等使其进行规定的、有序的动作。CNC 装置输出的信号有各坐标轴的进给速度、进给方向和位移指令，主轴的变速、换向和启停信号，选择和交换刀具的指令，控制冷却液、润滑油启停，工件和机床部件松开、夹紧，分度工作台转位辅助指令信号等。这个过程是由 CNC 装置内的硬件和软件协调完成的。

4. 伺服单元

伺服单元分为主轴伺服和进给伺服，分别用来控制主轴电机和进给电机。伺服单元接收来自 CNC 装置的进给指令，这些指令经变换和放大后通过驱动装置转变成执行部件进给的速度、方向、位移。因此伺服单元是 CNC 装置与机床本体的联系环节，它把来自 CNC 装置的微弱指令信号放大成控制驱动装置的大功率信号。根据接收指令的不同，伺服单元分为脉冲单元和模拟单元。伺服单元根据其系统的不同又分为开环系统、半闭环系统和闭环系统，其工作原理也有差别，典型伺服单元如图 2-23 所示。

图 2-23　典型伺服单元

5. 驱动装置

驱动装置将伺服单元的输出变为机械运动，它与伺服单元一起是数控装置和机床传动部件间的联系环节，它们有的带动工作台，有的带动刀具，通过几个轴的综合联动，使刀具相对于工件产生各种复杂的机械运动，加工出形状、尺寸与精度符合要求的零件。与伺服单元相对应，驱动装置有步进电机、直流伺服电机和交流伺服电机等。

伺服单元和进给驱动装置合称为进给伺服驱动系统，是数控机床的重要组成部分，包含机械、电子、电机等各种部件，涉及强电与弱电的控制。数控机床的运动速度、跟踪及定位精度、加工表面质量、生产率及工作可靠性，往往主要取决于进给伺服驱动系统的动态和静态性能。

6. PLC

PLC 是一种专为工业环境下应用而设计的数字运算操作电子系统。它采用可编程序的存储器，用来在其内部存储执行逻辑运算、顺序控制、定时、计数和算术运算等操作指令，并通过数字式、模拟式的输入和输出，控制各种类型的机械设备和生产过程。当 PLC 用于控制机床顺序动作时，称为 PMC，它在 CNC 装置中接收来自操作面板、机床的各行程开关、传感器、按钮、强电柜里的继电器以及主轴控制、刀库控制的有关信号，经处理后输出控制相应元器件的运行。

CNC 装置和 PLC 协调配合共同完成数控机床的控制。其中 CNC 装置主要完成与数字运算和管理等有关的功能，如零件程序的编辑、插补运算、译码、位置伺服控制等。PLC 主要完成与逻辑运算有关的动作，没有轨迹上的具体要求，它接受 CNC 装置的控制代码 M（辅助功能）、S（主轴转速）、T（选刀、换刀）等顺序动作信息，对其进行译码，转换成对应的控制信号，控制辅助装置完成机床相应的开关动作，如工件的装夹、刀具的更换、冷却液的开/关等一些辅助动作；它还接受操作面板的指令，一方面直接控制机床的动作，另一方面将一部分指令送往 CNC 装置，用于加工过程的控制。

（二）CNC 系统的特点

CNC 系统的功能大多由软件实现，且软、硬件采用模块化的结构，使系统功能的修改、扩充变得较为灵活。CNC 系统的基本配置部分是通用的，不同的数控机床仅配置相应的特定功能模块，以实现特定的控制功能。

1. 数控功能丰富

①插补功能：二次曲线、样条、空间曲面插补等。②补偿功能：运动精度补偿、随机误差补偿、非线性误差补偿等。③人机对话功能：加工的动、静态跟踪显示，高级人机对话窗口等。④编程功能：G 代码、蓝图编程、部分自动编程功能等。

2. 可靠性高

CNC 装置采用集成度高的电子元器件、芯片，采用超大规模集成电路（VLSI）本身就是可靠性的保证。许多功能由软件实现，使硬件的数量减少。丰富的故障诊断及保护功能（大多由软件实现），使系统发生故障的频率降低和发生故障后的修复时间缩短。

3. 使用维护方便

①操作使用方便：用户只需根据菜单的提示，便可进行正确操作。②编程方便：具有多种编程功能、程序自动校验和模拟仿真功能。③维护维修方便：部分日常维护工作自动进行（润滑、关键部件的定期检查等），数控机床的自诊断功能可迅速实现故障准确定位。

4. 易于实现机电一体化

数控系统控制柜的体积小（采用计算机，硬件数量减少；电子元器件的集成度越来越高，硬件不断减小），小体积使其与机床在物理上结合成为可能，从而可以减少占地面积，方便操作。

5. CNC 装置的功能

从外部特征来看，CNC 装置由硬件（通用硬件和专用硬件）和软件（专用）两大部分组成。CNC 装置的功能包括基本功能和辅助功能。

数控系统的基本功能是数控系统基本配置功能，即必备的功能。它包括插补功能、控制功能、准备功能、进给功能、刀具功能、主轴功能、辅助功能、字符显示功能等。

数控系统的辅助功能是用户可以根据实际要求选择的功能。它包括补偿功能、固定循环功能、图形显示功能、通信功能、人机对话功能、自诊断功能等。

①控制功能，即 CNC 装置能控制和联动控制的进给轴数。CNC 装置控制的进给轴有移动轴和回转轴、基本轴和附加轴。例如，数控车床至少需要两轴联动，在具有多刀架的数控车床上则需要两轴以上的控制轴。数控镗铣床、加工中心等需要有 3 根或 3 根以上的控制轴。联动控制轴数越多，CNC 系统就越复杂，编程也越困难。

②准备功能，即 G 功能，用于指令机床动作方式。

③插补功能和固定循环功能。插补功能是数控系统实现零件轮廓（平面或空间）加工轨迹运算的功能，一般 CNC 系统仅具有直线和圆弧插补，而现在较为高档的数控系统还备有抛物线、椭圆、极坐标、正弦线、螺旋线以及样条曲线插补等功能。在数控加工过程

中，有些加工工序如钻孔、攻丝、镗孔、深孔钻削和切螺纹等，所需完成的循环动作十分典型，而且多次重复进行，数控系统事先将这些典型的固定循环用 C 代码进行定义，在加工时可直接使用这类 C 代码完成这些典型的循环动作，可大大简化编程工作。

④进给功能，即数控系统进给速度的控制功能，主要有以下三种。a. 进给速度：控制刀具相对工件的运动速度，单位为 mm/min。b. 同步进给速度：实现切削速度和进给速度的同步，单位为 mm/r，用于加工螺纹。c. 进给倍率（进给修调率）：人工实时修调进给速度，即通过操作面板的倍率波段开关在 0%~200% 之间对预先设定的进给速度实现实时修调。

⑤主轴功能，即 CNC 装置的主轴控制功能，主要有以下几种。a. 切削速度（主轴转速）：刀具切削点切削速度的控制功能，单位为 m/min 或 r/min。b. 恒速控制：刀具切削点的切削速度为恒速控制的功能，如端面车削的恒速控制。c. 主轴定向控制：主轴周向定位控制在特定位置的功能。d. C 轴控制：主轴周向任意位置控制的功能。e. 切削倍率（主轴修调率）：人工实时修调切削速度，即通过操作面板的倍率波段开关在 0%~200% 之间对预先设定的主轴速度实现实时修调。

⑥辅助功能，即 M 功能，用于指令机床辅助操作。

⑦刀具功能，即实现对刀具几何尺寸和刀具寿命的管理功能。

⑧补偿功能，主要有以下三种。a. 刀具半径和长度补偿功能：该功能按零件轮廓编制的程序来控制刀具中心的轨迹，以及在刀具磨损或更换时（刀具半径和长度变化），可对刀具半径或长度进行相应的补偿，该功能由 G 指令实现。b. 传动链误差：包括螺距误差补偿和反向间隙误差补偿功能，即事先测量出螺距误差和反向间隙，并按要求输入 CNC 装置相应的储存单元内，在坐标轴运行时，对螺距误差进行补偿，在坐标轴反向时，对反向间隙进行补偿。c. 智能补偿功能：对如机床几何误差造成的综合加工误差、热变形引起的误差、静态弹性变形误差以及由刀具磨损带来的加工误差等，都可采用现代先进的人工智能、专家系统等技术建立模型，利用模型实施在线智能补偿，这是数控技术正在研究、开发的技术。

⑨人机对话功能，在 CNC 装置中配有单色或彩色 CRT 显示器，通过软件可实现字符和图形的显示，以方便用户的操作和使用。CNC 装置中的这类功能有菜单结构的操作界面；零件加工程序的编辑环境；系统和机床的参数、状态、故障信息的显示、查询或修改画面等。

⑩自诊断功能，CNC 装置一般都具有自诊断功能，尤其是现代的 CNC 装置，这些自诊断功能主要是用软件来实现的。具有此功能的 CNC 装置可以在故障出现后迅速查明故障的类型及部位，便于及时排除故障，减少故障停机时间。

通常，不同的 CNC 装置设置的诊断程序不同，可以包含在系统程序之中，在系统运行过程中进行检查，也可以作为服务性程序，在系统运行前或故障停机后进行诊断，查找故障的部位，有的 CNC 装置可以进行远程通信诊断。

⑪通信功能，即 CNC 装置与外界进行信息和数据交换的功能。通常 CNC 装置都具有 RS232-C 接口，可与上级计算机进行通信，传送零件加工程序，有的还备有 DNC 接口，以利实现直接数控，更高档的系统还可与 MAP 相连，以适应 FMS，CIMS，综合信息管理系统（IMS）等大型制造系统集成的要求。

6. CNC 装置的特点

CNC 系统对零件程序的处理过程如图 2 – 24 所示，通过分析可知，CNC 系统主要有以下特点。

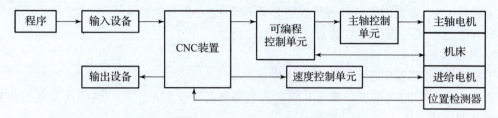

图 2 – 24　CNC 系统对零件程序的处理过程

（1）用存储的软件实现控制

CNC 系统用存储的软件进行操作来代替普通数控的硬件控制。目前，CNC 系统都把系统软件存储在半导体只读存储器（ROM），或可擦可编程只读存储器（erasable programmable read – only memory，EPROM）中，现在有把硬盘作为存储器的趋势。

（2）有存储零件程序和修改零件程序的能力

一般 CNC 系统的存储器总会划出一部分可读可写存储器用于存储零件程序，有的 CNC 系统甚至有专门的区域存储用户的子程序。CNC 系统都有编辑功能，用户可以利用显示装置和软件编辑功能来修改零件程序。

（3）有故障诊断功能

CNC 系统有诊断程序的功能，当 CNC 系统出现故障时，显示装置能显示出故障信息，操作人员和维修人员根据故障信息能了解故障的部件，从而缩短维修停机时间。

（4）可用软件取代机床的继电器控制

利用 PLC 代替继电器电路，机床的各种开关控制作为软件控制，由 CNC 系统的计算机来处理，使机床的全部动作都由软件控制和监视。

（5）可实现调节控制

CNC 系统把计算机引入机床位置控制回路中，利用计算机的数据处理能力，可实现各种控制策略。

（6）有保护零件的能力

保护零件必须考虑三个方面：必须保证零件程序数据的正确性；必须监控零件程序在机床上的执行情况，以保证机床服从命令；在监测到错误时，必须在零件变成废品之前采取措施。

二、数控系统维护保养基础知识

数控系统是数控机床的核心部件，因此数控操作人员要正确操作和使用数控系统，并掌握正确的维护保养方法。

（一）正确操作和使用数控系统的步骤

1. 数控系统通电前的检查

①检查 CNC 装置内的各个印制电路板是否紧固，各个插头有无松动。

②认真检查CNC装置与外界之间的全部连接电缆是否按随机提供的连接手册中的规定正确而可靠地连接。

③交流输入电源的连接是否符合CNC装置规定的要求。

④确认CNC装置内的各种硬件设定是否符合CNC装置的要求。

只有经过上述检查，CNC装置才能通电运行。

2. 数控系统通电后的检查

①检查CNC装置中各个风扇是否正常运转。

②确认各个印制电路板或模块上的直流电源是否正常，若正常，则确认其是否在允许的波动范围之内。

③进一步确认CNC装置的各种参数。

④当CNC装置与机床联机通电时，应在接通电源的同时，做好按压"急停"按钮的准备，以备出现紧急情况时随时切断电源。

⑤手动低速移动各个轴，观察数控机床移动方向的显示是否正确。

⑥进行几次返回机床基准点的动作，检查数控机床是否有返回基准点的功能，以及每次返回基准点的位置是否完全一致。

⑦CNC装置的功能测试。

（二）数控系统的维护

1. 严格遵守操作规程和日常维护制度

数控设备操作人员要严格遵守操作规程和日常维护制度，操作人员技术业务素质的高低是影响故障发生率的重要因素。当机床发生故障时，操作人员要注意保护现场，并向维修人员如实说明故障出现前后的情况，以利于维修人员分析、诊断出故障的原因，及时排除故障。

2. 防止灰尘污物进入CNC装置内部

机床加工车间的空气中一般都会有油污、灰尘甚至金属粉末，一旦它们落在数控系统内的印制电路板或电子元器件上，容易引起电子元器件间绝缘电阻下降，甚至导致电子元器件及印制电路板损坏。有的用户为了使数控系统能在夏天超负荷长期工作，打开数控柜的门来散热，这是一种极不可取的方法，最终会加速数控系统损坏，应该尽量不要打开数控柜和强电柜门。

3. 防止系统过热

应该检查数控柜上的各个冷却风扇是否工作正常。每半年或每季度检查一次风道过滤器是否有堵塞现象，若过滤网上灰尘积聚过多，不及时清理，则会引起数控柜内温度过高。

4. 数控系统的I/O装置的定期维护

20世纪80年代以前生产的数控机床，大多带有光电式纸带阅读机，如果纸带部分被污染，则将导致读入信息出错。为此，必须按规定对光电式纸带阅读机进行维护。

5. 直流电机电刷的定期检查和更换

直流电机电刷过度磨损，会影响电机的性能，甚至造成电机损坏。为此，应对电机电刷进行定期检查和更换。数控车床、数控铣床、加工中心等的直流电机电刷，应每年检查一次。

6. 定期检查和更换存储用电池

一般数控系统对 CMOS RAM 设有可充电电池维护电路，以保证系统不通电期间能保持其存储器的内容。一般情况下，即使电池尚未失效，也应每年更换一次，以确保系统正常工作。电池的更换应在数控系统供电状态下进行，以防更换时 RAM 内信息丢失。

7. 经常监视 CNC 装置的电网电压

CNC 系统对工作电网电压有严格的要求。如果电网电压波动超出 CNC 系统允许的范围，可能会导致系统不能正常工作，甚至引起 CNC 系统内部电子元件的损坏。因此，为了保障 CNC 系统的正常运行，需要经常监视电网电压。

8. 备用印制电路板的维护

备用印制电路板长期不用时，应定期装到数控系统中通电运行一段时间，以防损坏。

知识点4 气动、液压、润滑等辅助装置

液压可以用作动力传动方式，称为液压传动。液压也可用作控制方式，称为液压控制。

液压传动是指以液体作为工作介质，利用液体的压力能来传递动力。液压控制是指运用液体动力改变操纵对象的工作状态。用液压技术构成的控制系统称为液压控制系统。液压控制通常包括液压开环控制和液压闭环控制。液压闭环控制又称液压伺服控制，构成液压伺服系统，通常包括电气液压伺服系统（电液伺服系统）和机械液压伺服系统（机液伺服系统或机液伺服机构）等。

气动技术或气压传动与控制（气动）是以空气压缩机为动力源，以压缩空气为工作介质，进行能量传递或信号传递的工程技术，气动技术也是实现各种生产控制、自动控制的重要手段。在人类追求与自然界和平共处的时代，研究并大力发展气动，对于全球环境与资源保护有着相当特殊的意义。随着工业机械化和自动化的发展，气动技术越来越广泛地应用于各个领域。特别是成本低廉、结构简单的气动自动装置已得到了广泛应用，在工业企业自动化中具有非常重要的地位。

一、数控机床液压系统及其日常维护

（一）基本组成元件

一个完整液压系统的元件主要包括动力元件、执行元件、控制元件、辅助元件等。由于液压具有传递动力大且易于传递及配置等特点，因此在工业、民用行业得到广泛应用。液压系统的执行元件（液压缸和液压马达）的作用是将液体的压力能转换为机械能，从而获得需要的直线往复运动或回转运动。液压系统的能源装置（液压泵）的作用是将原动机的机械能转换成液体的压力能。

1. 动力元件

液压动力元件是为液压系统产生动力的部件，主要包括各种液压泵。齿轮泵是最常见的液压泵，通过两个啮合齿轮的转动使得液体进行运动。其他液压泵如叶片泵、柱塞泵等。在选择液压泵的时候需要注意的主要问题为液压泵消耗的能量、效率、噪声。常见的

液压泵如图 2-25 所示。

2. 执行元件

液压执行元件是用来将液压泵提供的压力能转换成机械能的装置，主要包括液压缸和液压马达。液压马达是与液压泵做相反工作的装置，即把液体的压力能转换为机械能，从而对外做功。常见的液压马达如图 2-26 所示。

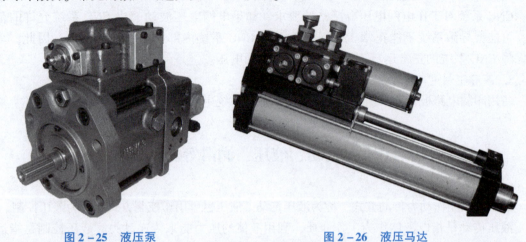

图 2-25　液压泵　　　　　　　　　　图 2-26　液压马达

3. 控制元件

液压控制元件用来控制液体流动的方向、压力的高低，以及对流量的大小进行预期的控制，以满足特定的工作要求。正是因为液压控制元件的灵活性，液压系统才能够完成不同的活动。液压控制元件按照用途可以分成压力控制阀、流量控制阀、方向控制阀等；按照操作方式可以分成人力操纵阀、机械操纵阀、电动操纵阀等。常用的液压、控制元件如图 2-27、图 2-28 所示。

图 2-27　压力控制阀　　　　　　　　图 2-28　流量控制阀

4. 辅助元件

除了上述的元件以外，液压系统还需要液压辅助元件。这些元件包括管路和管接头、油箱、过滤器、蓄能器和密封装置。通过各种辅助元件，能够建构出一个液压回路。液压回路就是由各种液压元件构成的相应控制回路。

（二）基本回路

液压系统在不同的使用场合，有着不同的组成形式。但不论实际的液压系统多么复杂，总不外乎由一些基本回路组成。基本回路按其在液压系统中的功能可分为压力控制回路、速度控制回路、方向控制回路和多执行元件控制回路等。

1. 压力控制回路

压力控制回路的功能是利用液压控制元件来控制整个液压系统或局部油路的工作压力，以满足执行元件对力或力矩的要求，或者达到合理利用功率、保证系统安全等目的。

（1）调压回路

调压回路的功能是控制液压系统的最高工作压力，使其不超过某一预先调定的数值，如图 2－29 所示。

压力控制阀是常闭的。只有当系统压力超过溢流阀调整压力时，压力控制阀才打开，油液经溢流阀流回油箱，系统压力不再增高，因而可以防止系统过载，起安全作用。

（2）减压回路

减压回路的功能是在单泵供油的液压系统中，使某一条支路获得比主油路工作压力还要低的稳定压力。例如，辅助动作回路、控制油路和润滑油路的工作压力常低于主油路的工作压力。

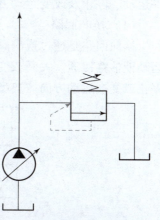

图 2－29　调压回路

（3）增压回路

当液压系统中某一条支路需要压力很高、流量很小的压力油时，若采用高压泵不经济，或根本没有这样高压力的液压泵，就要采用增压回路来提高压力。

（4）卸荷回路

卸荷回路是在执行元件短时间停止运动而原动机仍然运转的情况下，能使液压泵卸去载荷的回路。

（5）平衡回路

对于执行元件与垂直运动部件相连（如竖直安装的液压缸等）的结构，当垂直运动部件下行时，都会出现超越负载（又称负负载）。超越负载的特征是负载力的方向与运动方向相同，负载力将助长执行元件的运动。当出现超越负载时，若执行元件的回油路无压力，运动部件则会因自重自行下滑，甚至可能产生超速（超过液压泵供油流量提供的执行元件的运动速度）运动。如果在执行元件的回油路设置一定的背压（回油压力）来平衡超越负载，就可以防止运动部件的自行下滑和超速。这种回路因设置背压与超越负载相平衡，故称为平衡回路；因其限制了运动部件的超速运动，又称限速回路。

2. 速度控制回路

速度控制回路包含调速回路和速度变换回路。

（1）调速回路

调速是指调节执行元件的运动速度。典型的调速回路如图 2－30 所示。

在液压回路中，液阻对通过的流量起限制作用，因此节流阀可以调速。如图 2－30 所示，将节流阀串联在液压泵与执行元件之间，同时在节流阀与液压泵之间并联一个溢流阀，调节节流阀，可使进入液压缸的流量发生改变。由于液压系统中采用定量泵供油，因此多余的油从溢流阀溢出。这样节流阀就能起到调节液压缸运动速度的作用。

（2）速度变换回路

速度变换回路是使执行元件从一种速度变换到另一种速度的回路。

3. 方向控制回路

方向控制回路的作用是控制液压系统中液体的通断及流动方向，进而达到控制执行元件运动、停止及改变运动方向的目的。

（1）换向回路

换向回路是通过换向阀使执行元件换向的。换向阀工作原理是利用阀芯和阀体的相对运动使油路接通、关断或变换油液的流动方向，从而实现执行元件及其驱动机构的启动、停止或变换运动方向。典型的换向回路如图2-31所示。

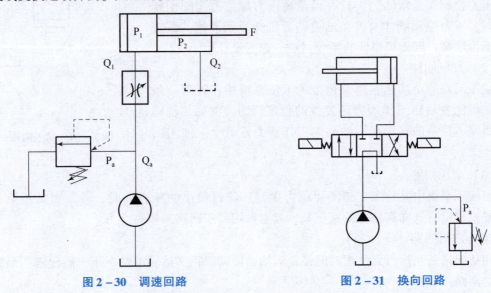

图2-30　调速回路　　　　　　　　图2-31　换向回路

该回路由液压泵、三位四通电磁换向阀、溢流阀和液压缸组成。液压泵启动后，换向阀在中位工作，换向阀的4个油口互不相通，液压缸两腔不通压力油并处于停止状态。换向阀在右位工作时，液压泵与液压缸右腔接通，液压缸左腔与油箱接通，使活塞左移，反之，使活塞右移。

（2）锁紧回路

为了使液压缸活塞能在任意位置停止运动，并防止在外力作用下发生窜动，须采用锁紧回路。

（3）浮动回路

浮动回路与锁紧回路相反，它将执行元件的进、回油路连通或同时接回油箱，使之处于无约束的浮动状态。这样，在外力作用下执行元件仍可运动。

4. 多执行元件动作控制回路

（1）顺序动作回路

顺序动作回路是在多执行元件液压系统中，实现多个执行元件按照一定的顺序先后动作的回路，按其控制方式不同分为压力控制回路和行程控制回路两种。典型的顺序动作回路应用在数控机床的夹具上，如图 2－32 所示。顺序阀可以使两个以上的执行元件按预定的顺序动作，在图 2－32 所示的数控机床的夹具上实现先定位后夹紧的液压控制工作顺序。

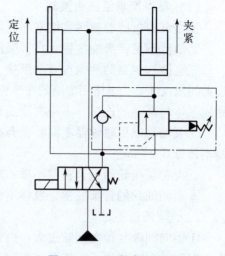

图 2－32　顺序动作回路

（2）同步回路

可实现多个执行元件以相同位移或相等速度运动的回路称为同步回路。流量式同步回路是指通过流量控制阀控制进入或流出两个液压缸的流量，使两个液压缸活塞的运动速度相等，实现速度同步。容积式同步回路是指将两份体积相等的油液分配到有效工作面积相同的两个液压缸，实现位移同步。

（三）液压系统日常维护常识

液压系统发生一些故障时，事前往往都会出现异常现象。因此认真、严格地进行日常检查和保养，对于及时发现和排除小的故障、预防大的事故，具有很重要的意义。因此，应重视和加强日常检查和保养。

①液压系统在工作前，应仔细检查各紧固件和管接头有无松脱，以及管道有无变形或损伤等。

②液压泵在初次运转前，应向液压泵内注满油，以防空运转损坏液压泵。

③液压泵开始运转时，可采取连续运转的方法（尤其在寒冷地区），观察运转是否灵活。确认运转正常、无异常响声时再进入工作。

④工作装置液压系统分配阀的工作压力，如果超过或低于规定值，则应进行调整。

⑤液压系统进入稳定的工作状况后，除随时注意油温、压力、声音等情况外，还应注意观察液压缸、液压马达、换向阀、溢流阀等元件的工作情况，以及整个液压系统的漏油和振动情况等。

⑥定期过滤或更换油液。

⑦定期检查、更换密封件，防止液压系统泄漏。

⑧定期检查、清洗或更换液压件、滤芯。

⑨定期检查、清洗油箱和管路。

（四）液压系统常见故障及排除方法

1. 液压泵常见故障的可能原因及排除方法

液压泵主要有齿轮泵、叶片泵等，下面以齿轮泵为例介绍其故障及诊断。齿轮泵最常见的故障是泵体与齿轮的磨损、泵体裂纹和机械损伤，出现这些情况一般必须大修或更换零件。

在机器运行过程中，齿轮泵常见的故障有噪声严重及压力波动，输油量不足，运转不正常或有"咬死"现象。

（1）噪声严重及压力波动

①堵泵的过滤器被污物堵塞不能起滤油作用：用干净的清洗油去除过滤器内污物。

②油位不足，吸油位置太高，吸油管露出油面：加油到油标位置，降低吸油位置。

③泵体与泵盖的两侧没有加纸垫，泵体与泵盖不垂直密封，旋转时吸入空气：泵体与泵盖间加入纸垫；泵体用金刚砂在平板上研磨，使泵体与泵盖垂直度误差不超过 0.005 mm，紧固泵体与泵盖的连接，不得有泄漏现象。

④泵轴与电机联轴器不同心，有扭曲摩擦：调整泵轴与电机联轴器的同心度，使其误差不超过 0.2 mm。

⑤齿轮泵齿轮的啮合精度不够：对严齿轮达到齿轮啮合精度。

⑥泵轴油封的骨架脱落，泵体不密封：更换合格的泵轴油封。

（2）输油量不足

①轴向间隙与径向间隙过大：由于齿轮泵的齿轮两侧端面在旋转过程中与轴承座圈产生相对运动会造成磨损，因此轴向间隙与径向间隙过大时必须更换零件。

②泵体裂纹与气孔泄漏现象：泵体出现裂纹时需要更换泵体，泵体与泵盖间加入纸垫，紧固各连接处螺钉。

③油液黏度太高或油温过高：用 20# 机械油并选用合适的温度，一般 20# 全损耗系统用油适合 10～50℃ 的工作温度，如果三班工作，则应安装冷却装置。

④电机反转：纠正电机旋转方向。

⑤过滤器有污物，管道不畅通：清除污物，更换油液，保持油液清洁。

⑥压力阀失灵：修理或更换压力阀。

（3）运转不正常或有"咬死"现象

①泵轴向间隙与径向间隙过小：轴向间隙与径向间隙过小时应更换零件，调整轴向或径向间隙。

②滚针转动不灵活：更换滚针轴承。

③盖板和轴的同心度不好：更换盖板，使其与轴同心。

④压力阀失灵：检查压力阀弹簧是否失灵，阀体小孔是否被污物堵塞，滑阀和阀体是否失灵；更换弹簧，清除阀体小孔内污物或换滑阀。

⑤泵轴和电机联轴器不同心：调整泵轴与电机联轴器的同心度，使其误差不超 0.2 mm。

⑥齿轮泵中有杂质：可能在装配时有铁屑遗留，或油液中吸入杂质，用细铜丝网过滤全损耗系统用油，去除污物。

2. 整体多路阀常见故障的可能原因及排除方法

（1）工作压力不足

①溢流阀调定压力偏低：调整溢流阀压力。

②溢流阀的滑阀卡死：拆开清洗，重新组装。

③调压弹簧损坏：更换新产品。

④系统管路压力损失太大：更换管路，或者在压力允许的范围内调整溢流阀压力。

（2）工作油量不足

①系统供油不足：检查油源。

②阀内泄漏量大：如果油温过高，黏度下降，则应降低油温；如果油液选择不当，则应更换油液；如果滑阀与阀体配合间隙过大，则应更换新产品。

（3）复位失灵

复位弹簧损坏与变形：更换新产品。

（4）外泄漏

①Y 形圈损坏：更换产品。

②油口安装法兰面密封不良：检查相应部位的紧固和密封。

③各结合面紧固螺钉、调压螺钉背帽松动或堵塞：紧固相应部件。

3. 电磁换向阀常见故障的可能原因及排除方法

（1）滑阀动作不灵活

①滑阀被拉坏：拆开清洗，或修整滑阀与阀孔的毛刺及拉坏表面。

②阀体变形：调整安装螺钉的压紧力，安装转矩不得大于规定值。

③复位弹簧折断：更换弹簧。

（2）电磁线圈烧损

①电磁线圈绝缘不良：更换电磁铁。

②电压太低：使用电压应在额定电压的 90% 以上。

③工作压力和流量超过规定值：调整工作压力，或采用性能更高的阀。

④回油压力过高：检查背压，应在规定值 16 MPa 以下。

4. 液压缸常见故障的可能原因及排除方法

（1）外部漏油

①活塞杆碰伤拉毛：用极细的砂纸或油石修磨，不能修磨的，更换新件。

②防尘密封圈被挤出和外翻：拆开检查，重新更换。

③活塞和活塞杆上的密封件磨损与损伤：更换新密封件。

④液压缸安装定心不良，使活塞杆伸出困难：拆下来检查安装位置是否符合要求。

（2）活塞杆爬行和蠕动

①液压缸内进入空气或油中有气泡：松开接头，将空气排出。

②液压缸的安装位置偏移：在安装时必须检查，使之与主机运动方向平行。

③活塞杆全长和局部弯曲：活塞杆全长校正直线度误差应小于或等于 0.03 mm/100 mm 或更换活塞杆。

④液压缸内锈蚀或拉伤：去除锈蚀和毛刺，严重时更换缸筒。

二、数控机床气动系统及其日常维护

数控机床气动系统以空气为动力源，通过气动元件及附件来驱动和控制机械动作。气压装置的气源容易获得，且结构简单、工作介质不污染环境、工作速度快、动作频率高，因此在数控机床上也得到广泛应用，通常用来完成频繁启动的辅助工作，如机床防护门的自动开关、主轴锥孔的吹气、自动吹屑清理定位基准面等。

与液压传动相比，气压传动的优点有以下 6 点。

①以空气为工作介质，气源方便，用后排气处理简单，不污染环境。

②由于空气流动损失小，压缩空气可集中供气，因此可远距离输送。

③与液压传动相比，气压传动动作迅速、反应快、维护简单、管路不易堵塞，且不存在介质变质、补充和更换等问题。

④工作环境适应性好，可安全、可靠地应用于易燃、易爆场所。

⑤气动装置结构简单、轻便，安装维护简单。压力等级低，故使用安全。

⑥空气具有可压缩性，气动系统能够实现过载自动保护。

气压传动的缺点有以下4点。

①由于空气具有可压缩性，所以气缸的动作速度易受负载变化影响。

②工作压力较低，因而气动系统输出力较小。

③气动系统有较大的排气噪声。

④工作介质空气本身没有润滑性，需另加装置进行给油润滑。

（一）气动系统的组成

气动系统与液压系统结构相同，也是由动力元件、执行元件、控制元件、辅助元件等组成。不过其中的元件由液压用变为气压用，如气动系统中动力元件是空气压缩机，执行元件有气缸、气马达等，控制元件有气动控制阀等，辅助元件有管路和管接头、过滤器、蓄能器和密封装置等。图2-33所示为加工中心自动防护门气动控制示意。

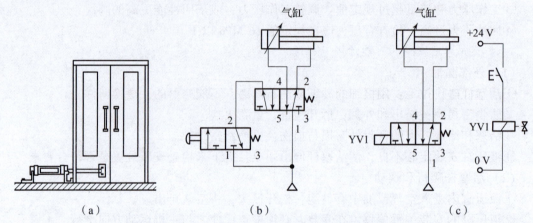

图2-33　加工中心自动防护门气动控制示意
(a) 机床防护门结构图；(b) 气动控制；(c) 气动与电动控制

图2-33（a）中机床防护门利用压缩空气来驱动气缸，从而带动防护门的开关。气缸活塞杆伸出，防护门关闭；活塞杆收缩，防护门打开。图2-33（b）和图2-33（c）中分别利用换向阀进行开关控制，接口1为压缩空气入口；接口3和5为排气口；接口2和4为信号输出口。当接口1和2导通时，气缸右侧进气，活塞杆收缩，防护门打开；当接口1和4导通时，气缸左侧进气，活塞杆伸出，防护门关闭。

通过分析加工中心防护门的气压控制，把气动系统的基本组成归纳如下。

①动力元件：气源装置主要把空气压缩到原来体积的1/7左右形成压缩空气，并对压缩空气进行净化处理，最终向系统提供洁净、干燥的压缩空气。常见的气源装置包括空气压缩机、气罐，气源处理元件包括冷却器、过滤器、干燥器和排水器等。

②执行元件：以压缩空气为动力源，将气体的压力能转换为机械能的装置，用来实现

既定的动作。常见的气动执行元件包括气缸、摆动气缸、气马达、气爪、真空吸盘等。

③控制元件：用来调节和控制压缩空气的压力、流量和流动方向，以便使执行元件完成预定的工作循环。常见的气动控制元件包括方向控制阀（电磁换向阀、单向阀、气控换向阀等）、流量控制阀（速度控制阀、缓冲阀、快速排气阀等）、压力控制阀（增压阀、减压阀、顺序阀等）。

④辅助元件：连接元件所需的一些元件，以及对系统进行消声、冷却、测量等方面的一些元件。常见的气动辅助元件包括消声器、油雾器、接头与气管、气液转换器等。

（二）气动系统日常维护和常见故障及其处理方法

1. 保证供给洁净的压缩空气

压缩空气中通常都含有水分、油分和粉尘等杂质。水分会使管道、阀和气缸腐蚀；油分会使橡胶、塑料和密封材料变质；粉尘会造成阀体动作失灵。选用合适的过滤器，可以清除压缩空气中的杂质。使用过滤器时应及时排除积存的液体，否则当积存的液体接近挡水板时，气流仍可将积存物卷起。

2. 保证空气中含有适量的润滑油

大多数气动执行元件和控制元件都要求适度地润滑。如果润滑不良将会发生以下故障：①由于摩擦阻力增大而造成气缸推力不足、阀芯动作失灵；②由于密封材料磨损而造成空气泄漏；③由于生锈而造成元件的损伤及动作失灵。润滑的方法一般采用油雾器进行喷雾润滑，油雾器一般安装在过滤器和减压阀后面。油雾器的供油量一般不宜过多，通常每 $10 \, m^3$ 的自由空气供 $1 \, mL$ 的油量（即 $40 \sim 50$ 滴油）。检查润滑是否良好的一个方法是找一张清洁的白纸放在换向阀的排气口附近，如果换向阀工作 $3 \sim 4$ 个循环后，白纸上只有很轻的斑点，则表明润滑是良好的。

3. 保持气动系统的密封性

漏气不仅增加了能量的消耗，也会导致供气压力的下降，甚至会造成气动元件工作失常。严重的漏气在气动系统停止运行时，由漏气引起的响声很容易发现；轻微的漏气则可利用仪表或用涂抹肥皂水的办法进行检查。

4. 保证气动元件中运动零件的灵敏度

从空气压缩机排出的压缩空气，包含粒度为 $0.01 \sim 0.08 \, \mu m$ 的压缩机油粒，在排气温度为 $120 \sim 220 \, ℃$ 的高温下，这些油粒会迅速氧化，氧化后油粒颜色变深、黏性增大，并逐步由液态固化成油泥。这种微米级以下的颗粒，过滤器一般无法滤除。当它们进入阀后便附着在阀芯上，使阀的灵敏度逐步降低，甚至出现动作失灵。为了清除油泥，保证其灵敏度，可在气动系统的过滤器后面，安装油雾分离器，将油泥分离出来。此外，定期清洗阀也可以保证阀的灵敏度。

5. 保证气动装置具有合适的工作压力和运动速度

调节工作压力时，压力表应当工作可靠、读数准确。减压阀与节流阀调节好后，必须紧固调压阀盖或锁紧螺母，防止松动。

6. 定期检查、清洗或更换气动元件、滤芯

在 CNC 机床的维护和保养过程中，定期检查、清洗或更换气动元件、滤芯是至关重要的步骤，这些操作可以确保机床的气动系统稳定运行，并延长其使用寿命。

【实践活动】

数控系统的
日常维护

任务一　数控系统的日常维护

一、任务目标

①熟悉数控系统的各基本单元。
②认识数控系统的基本连接。
③掌握数控系统的维护与保养基础技术。
④养成规范操作、认真细致、严谨求实的工作态度。

二、任务要求

①完成数控系统的连接。
②完成数控系统的维护与保养。

三、准备材料

①阅读教材、参考资料，查阅网络资料。
②实验仪器与设备：数控设备综合实验台、专用连接线、万用表、刷子、扳手、起子等工具。

四、实施步骤

①断电情况下，在实验台上找出数控装置、步进驱动、变频器等各部件，并绘制它们在实验台上的安装位置，标明型号规格。

②断电情况下，根据系统连接总图，逐步分项检查、验证各部件之间的连接，并在纸上继续绘制出连接关系。

③断电情况下，观察系统各部件、外围器件，清理灰尘、污物；了解走线方式、插头连接、护套保护连接等，查看其是否有松动、破损，如果有，则采取处理措施。

④一切正常后方可上电，上电后系统进入正常状态，用万用表测试系统各部件电源电压，将测试结果记录在图纸的相应部件上。

⑤系统功能检查。

a. 左旋并拔起操作台右上角的"急停"按钮，使系统复位；系统默认进入手动工作方式，软件操作界面的工作方式变为"手动"。

b. 按住 +X 或 -X 键（指示灯亮），X 轴应产生正向或负向的连续移动。松开 +X 或 -X 键（指示灯灭），X 轴减速运动后停止。以同样的操作方法使用 +Z，-Z 键可使 Z 轴产生正向或负向的连续移动。

c. 在手动工作方式下，分别点动 X 轴、Z 轴，使它们压限位开关。仔细观察它们是否能压到限位开关，若压不到限位开关，则应立即停止点动；若能压到限位开关，则仔细观察轴是否立即停止运动，软件操作界面是否出现急停报警，这时一直按压"超程解除"键，使该轴向相反方向退出超程状态；然后松开"超程解除"键，若显示屏上运行状态栏"运行正常"取代了"出错"，则表示恢复正常，可以继续操作。检查完 X 轴、Z 轴的正、负限位开关后，以手动方式将工作台移回中间位置。

d. 按"回零"键，软件操作界面的工作方式变为"回零"。按 $+X$ 和 $+Z$ 键，检查 X 轴和 Z 轴是否回参考点，回参考点后，$+X$ 和 $+Z$ 指示灯应点亮。

e. 在手动工作方式下，按"主轴正转"键（指示灯亮），主轴电机以参数设定的转速正转，检查主轴电机是否运转正常；按"主轴停止"键，使主轴停止正转。按"主轴反转"键（指示灯亮），主轴电机以参数设定的转速反转，检查主轴电机是否运转正常；按"主轴停止"键，使主轴停止反转。

f. 在手动工作方式下，按"刀号选择"键，选择所需的刀号，再按"刀位转换"键，转塔刀架应转动到所选的刀位。

g. 调入一个演示程序，自动运行程序，观察工作台的运行情况。

五、注意事项

①注意人身及设备的安全。关闭电源后，方可观察数控机床内部结构。
②未经指导教师许可，不得擅自随意操作。
③操作与保养数控机床要按规定时间完成，符合基本操作规范，并注意安全。
④实验完毕后，注意清理现场。

六、任务评价

数控系统的日常维护评价表如表 2 – 3 所示。

表 2 – 3　数控系统的日常维护评价表

序号	评价内容	优秀	良好	一般
1	查找数控系统各部件：掌握数控机床各部件组成并能正确指出			
2	系统功能检查：掌握系统各主要功能的验证步骤并判断系统运行是否正常			
3	系统部件清洁：能对系统部件进行分类并掌握各部件的清洗要求			
4	参与态度：小组合作情况			
5	动作技能：任务掌握程度			
6	安全操作：规范穿戴工作服，观察角度、观察方法正确			

续表

序号	评价内容	优秀	良好	一般
7	管理规范：任务实施过程中按照5S管理规范（整理、整顿、清洁、清扫、素养）执行，仪器、器件、工具摆放合理，任务完成后工位保持整洁			

任务二　主轴正反转电气控制电路常见故障处理

一、任务目标

①会分析数控机床中的正反转电气控制电路。

②会正确使用工具进行故障诊断与分析。

③养成规范操作、认真细致、严谨求实的工作态度。

二、任务要求

①分析数控机床中的正反转电气控制电路。

②完成正反转电气控制电路故障诊断与分析。

三、准备材料

①阅读教材、参考资料，查阅网络资料。

②观察数控机床电路，指出电路符号代表的元器件。

③观察数控机床正常工作时主轴正反转的现象。

四、实施步骤

①启动主轴电机观察运行情况，发现接触器KM0线圈未吸合导致主轴无法启动，然后关闭数控机床电源。

②找出接触器KM0的常开触头与启动按钮并联的两根导线，即12号线和0号线。

③将万用表的转换开关拨到电阻－蜂鸣挡。

④把万用表的表棒分别放在12号线的两端查看表读数，如果有读数且有蜂鸣声则说明导线中间没有断开；如果读数为0，则说明导线中间已断开。

⑤用同样的方法可以判断0号线是否完好。

⑥如果导线中间断开，则更换导线；如果导线完好，则须继续检查。

⑦检查接点是否松动或脱落，如果是，则将接头拧紧。

⑧检查完毕，再次打开电源，确定主轴电机是否能够启动。

⑨关闭电源，清理实习场地。

主轴电机排除故障记录表如表 2 - 4 所示。

表 2 - 4　主轴电机排除故障记录表

故障现象	排除故障过程记录	故障原因
开机后接触器 KM0 线圈未通电		
按下"主轴正转" 按钮后主轴未启动		
按下"主轴反转" 按钮后主轴未启动		

五、注意事项

①注意人身及设备的安全。关闭电源后，方可观察数控机床内部结构。

②未经指导教师许可，不得擅自随意操作。

③按规定时间完成任务，符合基本操作规范，并注意安全。

④实验完毕后，注意清理现场。

六、任务评价

主轴正反转电气控制电路常见故障处理评价表如表 2 - 5 所示。

表 2 - 5　主轴正反转电气控制电路常见故障处理评价表

序号	评价内容	优秀	良好	一般
1	故障分析：掌握主轴电机常见故障现象			
2	操作规范：在排除故障过程中能规范操作，按步骤进行相关元器件、接线等的检查并进行判断			
3	故障排除：排除故障后进行上电检查，记录相关故障原因并梳理排除故障的步骤			
4	参与态度：小组合作情况			
5	动作技能：任务掌握程度			
6	安全操作：规范穿戴工作服，观察角度、观察方法正确			

续表

序号	评价内容	优秀	良好	一般
7	管理规范：任务实施过程中按照5S管理规范（整理、整顿、清洁、清扫、素养）执行，仪器、器件、工具摆放合理，任务完成后工位保持整洁			

任务三　数控机床液压系统的日常维护

一、任务目标

①熟悉数控机床液压系统的组成单元。
②会分析数控机床液压系统的工作原理。
③掌握数控机床液压系统维护与保养的基础技术。
④养成规范操作、认真细致、严谨求实的工作态度。

二、任务要求

①液压系统外观检查。
②系统压力的调整。
③根据数控机床液压系统原理图找出各元件的位置。
④密封圈的更换。
⑤系统部件的清洁。

三、准备材料

①阅读教材、参考资料，查阅网络资料。
②实验仪器与设备：数控机床、扳手、密封圈、刷子、液压油、柴油等。

四、实施步骤

①工作前对液压系统外观进行检查，检查油管接头和紧固件处有无泄漏，如果发现软管和管道的接头因松动而产生少量泄漏，则应立即将接头旋紧，然后检查油箱的油位是否在规定范围内。

②以上检查无误后，启动数控机床，按系统压力的规定，检查各部件压力，各压力值由压力表读出。如压力值不在规定范围内，则要进行调整。调理好后数控机床才能进行其他工作。

③根据数控机床液压系统原理图在机床中找出各元件的位置，对滤油器、管路及接头进行清洗。

④把管道及接头清洗干净后，任选一个接头处的密封圈进行更换。

a. 更换的工作场所一定要保持清洁。

b. 在更换时，要完全卸除液压系统内的液体压力，同时还要考虑好如何处理液压系统的油液，在特殊情况下，可将液压系统内的油液排除干净。

c. 在拆卸油管时，事先应将油管的连接部位周围清洗干净，分解后，在油管的开口部位用干净的塑料制品或石蜡纸将油管包好。不能用棉纱或破布将油管堵塞住，同时注意避免杂质混入。

d. 把接头处的密封圈取出，换上同型号的密封圈。

e. 分解后再装配时，各零部件必须清洗干净。

f. 在安装接头时，不要用太大的拧紧力。尤其要防止出现液压元件壳体变形、滑阀的阀芯滑动、接合部位漏油等现象。

五、注意事项

①注意人身及设备的安全。关闭电源后，方可观察数控机床液压系统。

②未经指导教师许可，不得擅自随意操作。

③操作与保养数控机床液压系统要按规定时间完成，符合基本操作规范，并注意安全。

④实验完毕后，注意清理现场。

六、任务评价

数控机床液压系统的日常维护评价表如表 2－6 所示。

表 2－6　数控机床液压系统的日常维护评价表

序号	评价内容	优秀	良好	一般
1	液压系统外观检查：正确找到液压系统并能检查外观是否正常			
2	系统压力调整：根据说明书检查当前系统压力，并将其调整到规定范围			
3	在系统中找出元件：准确记录液压系统元件型号			
4	系统部件清洁：正确清洗管路及接头			
5	密封圈更换：选用正确的密封圈进行更换			
6	参与态度：小组合作情况			
7	动作技能：任务掌握程度			

续表

序号	评价内容	优秀	良好	一般
8	安全操作：规范穿戴工作服，观察角度、观察方法正确			
9	管理规范：任务实施过程中按照5S管理规范（整理、整顿、清洁、清扫、素养）执行，仪器、器件、工具摆放合理，任务完成后工位保持整洁			

【匠心故事】

苦心钻研　成就技能大师

——记江苏工匠温进

人物简介

温进，男，高级技师，常熟职业教育中心校在职老师，2006届毕业生，现担任常熟市液压工具厂厂长。他连续多次在省、市级技能比赛中获得冠军，多次被评为"技术能手""劳动模范""优秀毕业生"等。工作迄今，获"江苏省五一劳动奖章""江苏省五一创新能手""江苏省企业首席技师""江苏省青年岗位能手""苏州市劳动模范""姑苏高技能突出人才""常熟市红色工匠""苏州市最美职教毕业生"等荣誉称号，担任常熟市"温进技能大师工作室"领衔人。

勤奋好学，岗位成才树标兵

2006年7月温进参加工作，就职于常熟市液压工具厂，从事数控机械加工13年间，他勤学习、爱琢磨、肯吃苦、善积累，虚心求教、不懂就问，问题不搞明白、不弄彻底决不罢休，利用工余时间认真研读，不断丰富自己的知识结构。从制定零件加工工艺过程到编制零件程序，从加工简单零件到制造复杂零件，从操作普通数控车床到熟练操作加工中心、四轴加工中心、五轴加工中心、线切割、电脉冲、三坐标等设备，他从一个刚出炉的毛小孩迅速成长为独当一面的技术骨干，成为岗位成才的标兵。他被派遣到金石机械厂担任车间技术主管，并担任多家企业技术顾问，2017年成立"温进技能大师工作室"。

勇攀高峰，技能大赛展风采

温进在工作期间积极参加全国、省、市级各类技能大赛，2006—2011年每年举行的苏州市职业学校数控技能竞赛中均获数控车床组一等奖；2008年第三届全国数控技能大赛江苏赛区选拔赛中获数控车职工组第五名；2009年江苏省职业学校技能大赛中荣获数控车床组第一名；2010 年江苏省职业学校技能大赛中荣获加工中心团队组第一名；2012 年江苏省第一届技能状元赛中获数控车职工组二等奖；2012 年第五届全国数控铣、数控车技能大赛中获数控车职工组第十五名；2013 年江苏省职业学校技能大赛中荣获数控车一等奖；2014 年江苏省第二届状元赛中荣获数控车职工组三等奖等。通过这几年的技能比赛，温进不仅提高了自己的专业技术水平，同时也收获了"江苏省五一劳动奖章""江苏省企业首席技师""江苏省五一创新能手""江苏省技术能手""苏州市劳动模范""姑苏高技能突出人才"等荣誉称号。

勇于创新，岗位建功多奉献

温进积极利用自己的技术特长努力服务教学工厂和地方企业，带领团队不断成长，从企业技术工人的培养、设备的维护和维修、设备智能改造、加工工艺的安排，到技术难题的攻克等多个方面做了大量的工作，经过反复的研究和试验，成功地解决了企业的难题，为企业创造效益。温进在担任多家企业技术顾问工作期间，主要从事数控工艺设计加工，主持制定了 YJ 系列主轴、ER 系列主轴、TGL 系列、蜗杆系列的全套加工工艺流程（毛坯、粗车、调质、精车、磨铣、装配、成品统一标准化）；并且通过反复的研究和试验，完成内外花键在四轴加工中心加工工艺、数控车包头蜗杆、以车代磨方案改进、智能机器设备的改造、定制优化刀具制等，提高了企业的生产效率和质量。例如，车包头蜗杆尺寸要求极高，粗糙度要达到 0.8 μm 以上，温进自制了特殊刀杆，为了减小切削力和提高生产率，他为刀具增加了螺旋升角及加强筋，为了减少生产成本，他选用常规刀片，经过几十次的调试试验，由原来一个班生产 80 件，提高到一个班生产 90 件，而且质量比以前大幅提高，一年产能提高 6 000 多件，温进还改进刀杆，不仅提高了企业的生产率也降低了工人的劳动强度；再例如，四轴加工中心加工内外花键，小直径不通孔内花键是加工中的难题，通过线切割加工成形刀片，再通过对刀片材料、角度的研究，最后通过四轴旋转定位来加工，传统设备加工外花键由原来一个班（8 h）平均 40 根左右提高到 95 根，并且表面质量、尺寸、效率都得到大幅提高。

技能引领，立身服务社会

2017 年温进带领的团队被常熟市人力资源和社会保障局评为"温进技能大师工作室"，到现在已培养出数控车高级技师 1 人、数控技师 5 人等。其中，金俊龙获 2017 年苏州市第三届技能状元大赛四轴加工职工组状元；汪怿、张林宇获 2019 年常熟市第二届技能状元大赛数控铣、数控车职工组状元，黄俊勇获钳工职工组二等奖；金厦、赵宇帆获常熟市技能三等奖等。温进主持编写了"数控加工中心进给系统设计分析""机械制造的工艺可靠性研究""数控四轴加工工艺研究""柔性加工一车一铣研究"等多篇研究性论文。2018 年企业投入了智能制造机器人项目，温进带领工作室成员学习新的技术、加工工艺，全方面提高专业技术水平和综合素质，这样既带领企业走上了一个更高的层次，又可以在工作过程中不断提高自身的技术水平，还可以充分体现自身在企业中的价值和作用。

【归纳拓展】

一、归纳总结

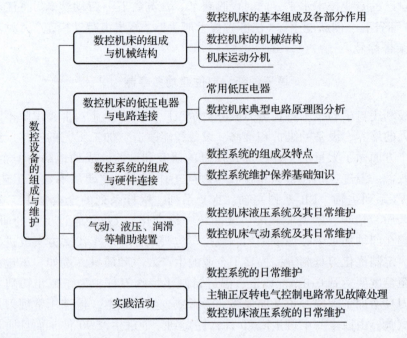

数控设备的组成与维护

- 数控机床的组成与机械结构
  - 数控机床的基本组成及各部分作用
  - 数控机床的机械结构
  - 机床运动分机
- 数控机床的低压电器与电路连接
  - 常用低压电器
  - 数控机床典型电路原理图分析
- 数控系统的组成与硬件连接
  - 数控系统的组成及特点
  - 数控系统维护保养基础知识
- 气动、液压、润滑等辅助装置
  - 数控机床液压系统及其日常维护
  - 数控机床气动系统及其日常维护
- 实践活动
  - 数控系统的日常维护
  - 主轴正反转电气控制电路常见故障处理
  - 数控机床液压系统的日常维护

二、拓展练习

1. 华中数控系统由哪几部分组成？
2. 如何进行数控系统基础维护？
3. 总结主轴电机的故障分析方法。
4. 引起主轴故障的原因可能有哪些？
5. CK6136 数控车床液压系统由哪些液压基本回路组成？
6. 数控机床液压系统的日常维护要注意什么？

学习情境三　数控车床维护保养技术

【学习目标】

1. 掌握数控车床精度检验的基础知识。
2. 了解数控车床的机械传动结构与传动原理。
3. 掌握数控车床机械部件的维护保养基础知识。
4. 掌握自动换刀装置的维护保养基础技术。
5. 掌握数控车床电气控制电路连接及系统调试。
6. 掌握数控车床常见故障的排除方法。
7. 能够进行数控系统数据备份与恢复。
8. 能够进行数控车床液压系统的基础维护保养。

【情境描述】

在现代企业智能制造背景下，数控车床维护与保养显得尤为重要。数控技术以数控车床装调、维修保养技术为核心，融入现代企业中的新技术、新工艺、新生产理念，紧贴产业转型升级，紧跟行业发展需求，是集机、电、仪、液技术于一体的高新技术。

【相关知识】

知识点1　数控车床机械部件的维护保养技术基础

数控车床综合应用了计算机技术、自动控制技术、自动检测技术和精密机械设计等，技术密集度及自动化程度高，是典型的机电一体化产品。与普通车床相比，数控车床不仅具有零件加工精度高、生产效率高、产品质量稳定、自动化程度高的特点，而且还可以完成普通车床难以完成或根本不能完成的复杂曲面零件加工，因而数控车床在机械制造业中的地位越来越重要。甚至可以这样说，在机械制造业中，数控车床的档次和拥有量，是反映一个企业制造能力的重要标志。

因此，对数控车床的操作人员和维修人员来说，车床的维护保养就显得非常重要，必须高度重视。数控车床机械部件的维护保养主要包括车床主轴部件、进给传动机构、导轨等的维护保养。车床主轴部件作为数控车床机械部件中的重要组成部件，主要由主轴、轴承、主轴准停装置、自动夹紧和切屑清除装置组成。进给传动机构的机电部件主要由伺服电机及检测元件、减速机构、滚珠丝杠螺母副、丝杠轴承、运动部件（工作台、主轴箱、立柱）等组成。

一、数控车床精度及检验

数控车床
精度及检验

数控车床的高精度最终要靠车床本身的精度来保证。数控车床的精度包括几何精度、定位精度和切削精度三类。数控车床的各项性能检验，对初用车床及维修调整后车床的技术指标恢复很重要。

（一）几何精度及检验

几何精度又称静态精度，是综合反映数控车床关键零部件（如床身、溜板、导轨、主轴箱等）经组装后的综合几何形状误差。常用的精度检验工、量、检具包括活络扳手、内六角扳手、精密水平仪、铸铁方箱、长检验棒、莫氏锥柄检验棒等，如图3-1所示。

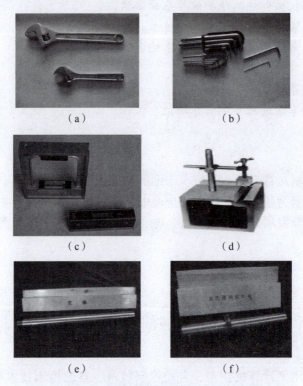

（a）　　　　　　　　　　　（b）

（c）　　　　　　　　　　　（d）

（e）　　　　　　　　　　　（f）

图3-1　常用的精度检验工、量、检具
（a）活络扳手；（b）内六角扳手；（c）精密水平仪；
（d）铸铁方箱；（e）长检验棒；（f）莫氏锥柄检验棒

数控车床几何精度检验的主要内容有以下几项。
①导轨精度（纵/横向导轨在垂直平面内的直线度/平行度）。
②溜板移动在 *ZX* 平面内的直线度。
③尾座移动对溜板移动的平行度。
④主轴端部的跳动。

⑤主轴定心轴颈的径向跳动。

⑥主轴锥孔轴线的径向跳动。

⑦主轴轴线对溜板移动的平行度。

⑧主轴顶尖的跳动。

⑨尾座套筒轴线对溜板移动的平行度。

⑩尾座套筒锥孔轴线对溜板移动的平行度。

⑪主轴与尾座两顶尖的等高度。

⑫横刀架横向移动对主轴轴线的垂直度。

这些几何精度综合反映了数控车床机械坐标系的几何精度和代表切削运动的部件主轴在机械坐标系中的几何精度。几何精度检验注意事项有以下几点。

①必须在地基完全稳定、地脚螺栓处于压紧的状态下进行。考虑到地基可能随时间而变化，一般要求数控车床使用半年后，再复校一次几何精度。

②在检验几何精度时，应避免因测量方法及检验工具使用不当引起的误差。

③应按国家标准规定，即车床接通电源后，在预热状态下，车床各坐标轴往复运动几次，主轴按中等转速运转数分钟后再进行检验。

④数控车床几何精度一般比普通车床高，且所用检验工具的精度等级要比被测部件的几何精度高一级。

⑤几何精度检验必须在车床精调后一次性完成，不得调一项检验一项，因为有些几何精度是相互联系、相互影响的。

⑥对大型数控车床还应实施负荷试验，以车床是否达到设计承载能力，在负荷状态下各机构是否正常工作，车床的工作平稳性、准确性、可靠性是否达标为目标进行试验。

（二）定位精度及检验

定位精度又称运动精度，是数控车床各坐标轴在数控装置的控制下运动能达到的位置精度，主要由数控系统和机械传动误差决定。根据实测的定位精度数值，可以判断出数控车床自动加工过程中能达到的最好工件加工精度。所以，定位精度是一项很重要的检验内容。

目前，数控车床定位精度标准采用的是《机床检验通则　第2部分：数控轴线的定位精度和重复定位精度的确定》（GB/T 17421.2—2023）。测量直线运动的检验工具有测微仪、成组块规、标准刻度尺、光学读数显微镜和双频激光干涉仪（见图3－2）等。标准长度测量以双频激光干涉仪为准，它的优点是测量精度高、测量时间短，但必须对环境温度、零件温度和气压等进行控制和自动补偿，才能在较长距离的测量中获得高精度。回转运动检验工具有360个齿精确分度的标准转台或角度多面体、高精度圆光栅及平行光管等。

定位精度检验内容包括直线轴的定位

图3－2　双频激光干涉仪

精度及重复定位精度，直线轴的回零精度，直线轴的反向误差，回转运动的定位精度及重复定位精度，回转运动的回零精度，回转运动的反向误差。

（三）切削精度及检验

切削精度又称动态精度，是一项综合精度，不仅反映了数控车床的几何精度和定位精度，同时还反映了由试件的材料、环境温度、数控车床刀具性能以及切削条件等各种因素造成的误差和计量误差。

保证切削精度，必须要求数控车床的几何精度和定位精度的实际误差比允许误差小。切削精度检验分为单项切削精度检验和标准的综合性试件精度检验。对于卧式数控车床，单项切削精度检验内容包括外圆车削、端面车削、螺纹切削等。切削加工试件的材料除特殊要求外，一般都采用一级铸铁，使用硬质合金刀具按标准的切削用量切削。

二、数控车床主传动系统的维护技术基础

数控车床的主传动系统，即主轴驱动产生主切削运动的传动，包括主轴电机、传动系统和主轴部件等。为适应不同加工需求，数控车床的主传动系统应满足以下几个方面的要求：①宽的调速范围及尽可能实现无级变速；②功率大；③动态响应性好；④精度高；⑤恒线速度切削，并尽可能降低噪声与热变形，从而获得最佳生产效率、加工精度和表面质量。

在实际生产中，一般要求数控车床在中高速段为恒功率传动，低速段为恒转矩传动。为确保主轴低速时有较大的转矩和主轴的变速范围尽可能大，有的数控车床在交流或直流电机无级变速的基础上还配以齿轮变速，使之实现分段无级变速。主轴变速方式主要有4种，如图3－3所示。

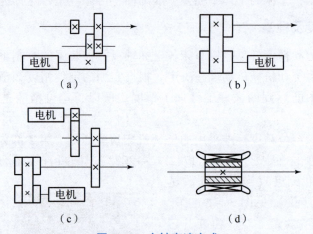

图3－3　主轴变速方式
（a）齿轮变速；（b）带传动；（c）两个电机分别驱动；（d）内装电机主轴传动

（一）主轴部件的结构

主轴部件是数控车床实现旋转运动的执行部件，包括主轴、主轴的支承和安装在主轴上的传动零件等，其结构简图如图3－4所示。主轴部件要具有良好的回转精度、结构刚度、抗震性、热稳定性、耐磨性和精度的保持性。对于具有自动换刀装置的加工中心，为了实现刀具在主轴上的自动装卸和夹紧，还必须具有刀具的自动夹紧装置、主轴准停装置等。

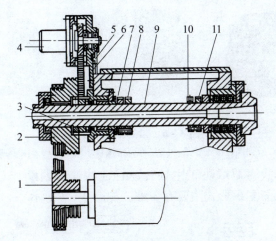

图 3-4　数控车床主轴结构简图

1，2—带轮；3，7，11—螺母；4—脉冲发生器；5—螺钉；

6—支架；8，10—锁紧螺母；9—主轴

1. 主轴端部的结构形状

数控车床主轴端部一般用于安装刀具或夹持工件的夹具，在设计要求上应能保证定位准确、安装可靠、连接牢固、装卸方便，并能传递足够的转矩。目前数控机床主轴端部的结构形状已标准化，图 3-5 所示为通用主轴端部的几种结构形式。

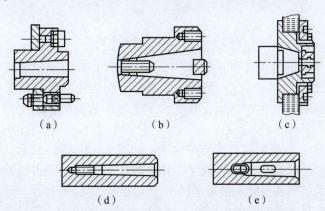

（a）　　　　　　（b）　　　　　　（c）

（d）　　　　　　（e）

图 3-5　通用主轴端部的结构形式

（a）车床主轴端部；（b）铣、镗类机床主轴端部；（c）外圆磨床主轴端部；

（d）内圆磨床主轴端部；（e）钻、镗杆端部

2. 主轴的支承

数控车床主轴带着刀具或夹具在支承中进行回转运动，应能传递切削转矩、承受切削抗力，并保证必要的旋转精度。根据主轴部件的转速、承载能力及回转精度等要求的不同而采用不同类型的轴承：一般中小型数控机床（如车床、铣床、加工中心、磨床）的主轴部件多数采用滚动轴承；重型数控机床的主轴部件采用液体静压轴承；高精度数控机床（如坐标磨床）的主轴部件采用气体静压轴承；超高转速（20 000～100 000 r/min）的主轴部件可采用磁悬浮轴承或陶瓷滚珠轴承。常见主轴轴承如图 3-6 所示。

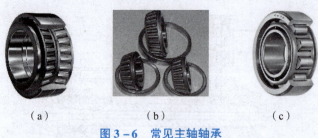

（a）　　　　　　（b）　　　　　　（c）

图 3 - 6　常见主轴轴承

（a）双列圆柱滚子轴承；（b）推力角接触球轴承；（c）滚子轴承

主轴轴承的支承形式主要取决于主轴转速特性的速度因素和对主轴刚度的要求。目前，数控机床主轴轴承的支承形式主要有 3 种，如图 3 - 7 所示。

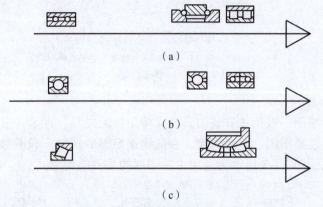

图 3 - 7　主轴轴承的支承形式

①前支承采用双列圆柱滚子轴承和 60°接触双列向心推力球轴承组合，后支承采用成对向心推力球轴承，如图 3 - 7（a）所示。该支承形式能使主轴获得较大的径向和轴向刚度，可满足数控机床强力切削的要求，普遍应用于各类数控机床的主轴，如数控车床、数控铣床、加工中心等。

②前支承采用多个高精度向心推力球轴承，如图 3 - 7（b）所示。该支承形式提高了主轴的转速，适合要求主轴在较高转速下工作的数控机床，如卧式加工中心。

③前后支承采用单列和双列圆锥滚子轴承，如图 3 - 7（c）所示。该支承形式能使主轴承受较重载荷（尤其是承受较强的动载荷），径向和轴向刚度大，安装和调整性好。但这种支承形式相对限制了主轴最高转速和精度，适用于中等精度、低速重载的数控机床主轴。

（二）主轴部件的维护

1. 主轴润滑

主轴的润滑和冷却是保证主轴正常工作的必要手段。通常利用润滑油循环系统把主轴部件的热量带走，使主轴部件与箱体保持恒定的温度。有些主轴采用高级油脂润滑，每加一次高级油脂，主轴可以使用 7 ~ 10 年。对于某些要保证在高速时正常冷却与润滑效果的主轴，则要采用油雾润滑、油气润滑和喷注润滑等措施。

①油雾润滑方式。这种润滑方式利用经过净化处理的高压气体将润滑油雾化后，经管道喷送到需润滑的部位，常用于高速主轴的润滑，缺点是油雾容易被吹出，污染环境。

②油气润滑方式。这种润滑方式近似于油雾润滑，所不同的是，油气润滑需要定时、

定量地把油雾送进轴承空隙中，这样既实现润滑，又不会因油雾太多而污染周围空气。

③喷注润滑方式。这种润滑方式将较大流量（每个轴承 3~4 L/min）的恒温油喷注到主轴轴承，以达到润滑、冷却的目的。这里要特别指出的是，较大流量喷注的油不是自然回流，而是用排油泵强制排油，同时，喷注润滑采用专用高精度大容量恒温油箱，可以把油温变动控制在 ±0.5 ℃。

2. 主轴密封

主轴密封不仅要防止灰尘、切屑和切削液进入，还要防止润滑油泄漏。在密封件中，被密封的介质往往是以穿漏、渗透或扩散的形式越界泄漏到密封连接处的另外一侧。造成泄漏的基本原因是流体从密封面上的间隙中溢出，或是密封部件内外两侧介质的压力差或浓度差，致使流体向压力或浓度低的一侧流动。

主轴密封分非接触式密封和接触式密封。非接触式密封如图 3-8 所示。它可利用轴承盖与轴的间隙密封（见图 3-8（a））；也可通过在螺母的外圆上开锯齿形环槽（见图 3-8（b）），当油向外流时，利用主轴转动离心力把油沿斜面甩回端盖空腔流回油箱，这种密封用在工作环境比较清洁的油脂润滑处。

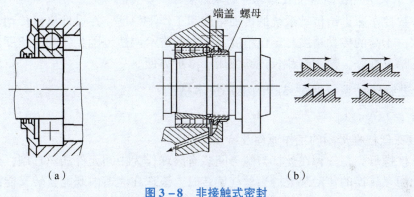

图 3-8　非接触式密封
（a）间隙密封；（b）螺母密封

接触式密封主要由甩油环、油毡圈和耐油橡胶密封圈密封，如图 3-9 所示。

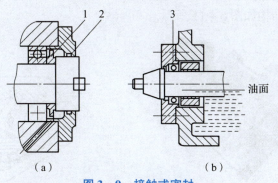

图 3-9　接触式密封
1—甩油环；2—油毡圈；3—耐油橡胶密封圈

三、数控车床进给传动系统的维护技术基础

数控车床的进给传动系统负责接收数控系统发出的脉冲指令，并经放大和转换后驱动

车床运动执行部件实现预期的运动。进给传动系统包括减速齿轮、联轴器、滚珠丝杠螺母副、丝杠支承、导轨副、传动数控回转工作台的蜗轮蜗杆等机械环节。

目前，随着滚珠丝杠、伺服电机及其控制单元性能的提高，很多数控车床的进给传动系统中已去掉减速机构而直接用伺服电机与滚珠丝杠连接，因而整个数控系统结构简单，减少了产生误差的环节。同时，由于转动惯量小，因此伺服特性也有所改善。

（一）数控车床对进给传动系统的要求

1. 机械部分的基本组成

与数控车床进给传动系统有关的机械部分一般由导轨、机械传动装置、工作台等组成，基本结构如图 3–10 所示。目前，广泛应用的进给传动方式主要有两种：一种是回转伺服电机通过滚珠丝杠螺母副间接进给的传动方式，另一种是采用直线电机直接驱动的进给传动方式。前者用于中小型数控车床的直线进给，数控车床 Z 轴、X 轴两方向的运动由伺服电机直接或间接驱动滚珠丝杠运动，同时带动刀架移动，形成纵、横向切削运动，从而实现车床进给运动；后者用于高速加工。

2. 数控车床进给传动系统机械部分的基本要求

为确保数控车床进给传动系统的传动精度和工作平稳性，在设计机械传动装置时，提出以下要求：①高的传动精度与定位精度；②宽的进给调速范围；③响应速度快；④无间隙传动；⑤稳定性好，使用寿命长；⑥使用、维护方便。

（二）进给传动系统典型结构的维护技术基础

1. 滚珠丝杠螺母副

（1）滚珠丝杠螺母副的工作原理及特点

滚珠丝杠螺母副是一种在丝杠与螺母间装有滚珠作为中间元件的丝杠副，是直线运动与回转运动相互转换的传动装置。当丝杠旋转时，滚珠在滚道内既能自转又能沿滚道循环转动，从而迫使螺母（或丝杠）轴向移动。螺旋槽两端用回珠器连接起来，使滚珠能够周而复始地循环运动，并防止滚珠沿滚道掉出。与传统丝杠相比，滚珠丝杠螺母副传动效率高、摩擦力小，并可消除间隙，无反向空行程；但制造成本高，不能自锁，尺寸也不能太大。滚珠丝杠螺母副结构如图 3–11 所示。

图 3–10　数控车床进给传动
系统基本结构

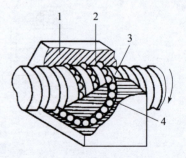

图 3–11　滚珠丝杠螺母副结构
1—螺母；2—滚珠；3—丝杠；
4—滚珠滚道

（2）滚珠丝杠螺母副的维护

数控车床进给传动系统的任务是实现执行机构（刀架、工作台等）的运动，滚珠丝杠的传动间隙是轴向间隙。轴向间隙通常是指丝杠和螺母无相对转动时，丝杠和螺母之间的最大轴向窜动量。除了结构本身所有的游隙之外，还包括施加轴向载荷后产生弹性变形造成的轴向窜动量。为保证反向传动精度和轴向刚度，必须消除轴向间隙。定期检查滚珠丝杠螺母副、调整滚珠丝杠螺母副的轴向间隙，保证反向传动精度和轴向刚度；定期检查丝杠与床身的连接是否有松动；丝杠防护装置有损坏时要及时更换，以防灰尘或切屑进入。

1）轴向间隙的调整

消除轴向间隙的基本原理是使两个螺母产生轴向位移，以此来消除丝杠与螺母之间的间隙。消除轴向间隙常用的方法有以下三种。

①垫片调隙式。图 3-12 所示为双螺母垫片调隙式结构，通过调整垫片的厚度使左右螺母产生轴向位移，从而达到消除轴向间隙和产生预紧力的目的。这种结构的调整方法简单、刚性好、装卸方便、可靠；但缺点是调整费时，很难在一次修磨中调整完成，调整精度不高，仅适用于一般精度要求的数控车床。

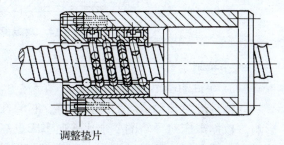

调整垫片

图 3-12　双螺母垫片调隙式结构

②螺纹调隙式。图 3-13 所示为双螺母螺纹调隙式结构，用键限制螺母在螺母座内的转动。调整时，拧动圆螺母将螺母沿轴向移动一定距离，间隙消除后，用另一个圆螺母将其锁紧。这种结构的调整方法简单、紧凑、调整方便，但调整精度较差。

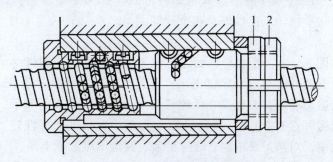

图 3-13　双螺母螺纹调隙式结构

1, 2—螺母

③齿差调隙式。图 3-14 所示为双螺母齿差调隙式结构，其结构较为复杂，尺寸较大；但是这种结构的调整方法方便，可获得精确的调整量，并且预紧可靠、不会松动，适用于高精度传动。

2）支承轴承的定期检查

定期检查丝杠支承轴承与床身的连接是否有松动，以及支承轴承是否损坏等。如有以上问题，则要及时紧固松动部位并更换支承轴承。

3）滚珠丝杠螺母副的密封与润滑

滚珠丝杠螺母副的密封与润滑是在操作使用中要注意的问题。滚珠丝杠螺母副的密封，要注意检查密封圈和防护套，防止灰尘和杂质进入滚珠丝杠螺母副。如采用润滑脂润滑，则每半年需将滚珠丝杠上的润滑脂更换一次；如采用润滑油润滑，则可在每次机床工作前加油一次，通过注油孔注油。

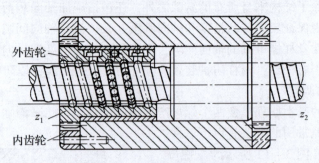

外齿轮

z_1

内齿轮

z_2

图 3−14　双螺母齿差调隙式结构

2. 导轨副

（1）导轨的基本类型

导轨是进给传动系统的重要环节，它的性能对机床刚度、加工精度和使用寿命有很大影响。数控车床对导轨的要求比普通车床更高，要求其在高速进给时不发生振动、低速进给时不出现爬行，且灵敏度高、耐磨性好，可在重载荷下长期连续工作，精度保持性好等。目前，数控车床上的导轨形式主要有滑动导轨、滚动导轨和静压导轨等。

1）滑动导轨

滑动导轨（见图 3−15）具有结构简单、制造方便、刚度好、抗震性好等优点，在数控车床上应用广泛。目前多数使用金属对塑料形式，称为贴塑导轨，其特点是摩擦特性好、耐磨性好、运动平稳、工艺性好及速度较低。

2）滚动导轨

滚动导轨（见图 3−16）是在导轨面之间放置滚珠、滚柱或滚针等滚动体，使导轨面之间呈滚动摩擦。滚动导轨与滑动导轨相比，其灵敏度高，摩擦因数小，且动、静摩擦因数相差很小，因而运动均匀，尤其是在低速移动时，不易出现爬行现象。滚动导轨定位精度高，重复定位精度可达 0.2 μm，移动轻便、磨损小、精度保持性好、使用寿命长。但滚动导轨的抗震性差，对防护要求高，结构复杂、制造困难、成本高。

图 3−15　滑动导轨

图 3−16　滚动导轨

3）静压导轨

静压导轨的导轨面之间处于纯液体摩擦状态，不产生磨损，精度保持性好。摩擦因数低（一般为 0.000 5 ~ 0.001），低速时不易出现爬行现象。静压导轨承载能力大、刚性好，承载油膜有良好的吸震作用，抗震性好。但是其结构复杂，需配置一套专门的供油系统，制造成本较高。图 3 – 17 所示为平面形空气静压导轨。

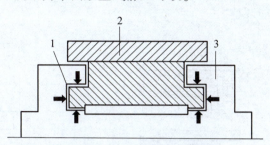

图 3 – 17　平面形空气静压导轨
1—静压空气；2—移动工作台；3—底座

（2）导轨副的维护

1）间隙调整

导轨副的维护是一项很重要的工作。它可以保证导轨面之间具有合理的间隙。若间隙过小，则摩擦阻力大，导轨磨损加剧；若间隙过大，则运动失去准确性和平稳性，失去导向精度。间隙调整的方法有以下三种。

①压板调整间隙。矩形导轨上常用的压板装置形式有修复刮研式、镶条式、垫片式，如图 3 – 18 所示。压板用螺钉固定在导轨上，常用钳工配合刮研及选用调整垫片、平镶条等机构，使导轨面与支承面之间的间隙均匀，达到规定的接触点数。图 3 – 18（a）所示的压板结构，若间隙过大，则应修磨或刮研 B 面；若间隙过小或压板与导轨压得太紧，则可刮研或修磨 A 面。

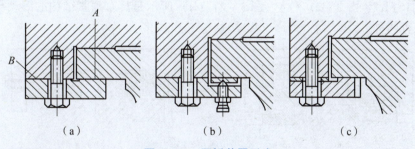

图 3 – 18　压板装置形式
（a）修复刮研式；（b）镶条式；（c）垫片式

②镶条调整间隙。常用的镶条有两种，即等厚度镶条和斜镶条。等厚度镶条如图 3 – 19（a）所示，它是一种全长厚度相等、横截面为平行四边形（用于燕尾形导轨）或矩形的平镶条，通过侧面的螺钉调节和螺母锁紧，以其横向位移来调整间隙。由于受到压紧力作用点的影响，在螺钉的着力点有挠曲。斜镶条如图 3 – 19（b）所示，它由全长厚度变化的斜镶条及三种用于斜镶条的调节螺钉组成，以斜镶条的纵向位移来调整间隙。斜镶条在全长上支承，其斜度为 1:40 或 1:100，由于楔形的增压作用会产生过大的横向压

力，因此调整时应细心。

③压板镶条调整间隙。压板镶条如图3－20所示，T形压板用螺钉固定在运动部件上，运动部件内侧和T形压板之间放置斜镶条，镶条不是在纵向有斜度，而是在高度上倾斜。调整时，借助压板上几个推拉螺钉，使镶条上下移动，从而调整间隙。三角形导轨的上滑动面能自动补偿，下滑动面的间隙调整和矩形导轨的下压板调整底面间隙的方法相同。圆形导轨的间隙不能调整。

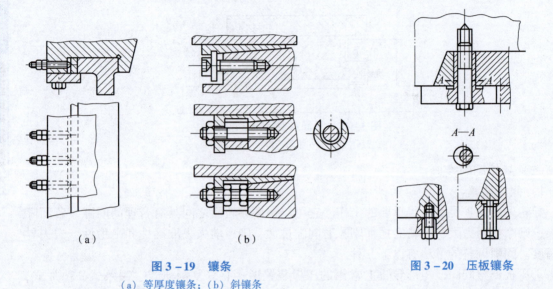

（a）　　　　　　　　　　　（b）

图3－19　镶条
（a）等厚度镶条；（b）斜镶条

图3－20　压板镶条

2）滚动导轨的预紧

图3－21列举了四种滚动导轨的结构。为了提高滚动导轨的刚度，应对滚动导轨预紧。预紧可提高接触刚度和消除间隙。在立式滚动导轨上，预紧可防止滚动体脱落和歪斜。图3－21（b）、图3－21（c）、图3－21（d）所示是具有预紧结构的滚动导轨。常见的预紧方法有两种。

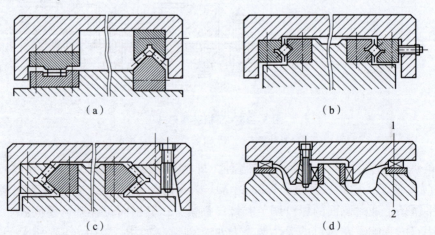

（a）　　　　　　　　　　　（b）

（c）　　　　　　　　　　　（d）

图3－21　滚动导轨
（a）滚柱或滚针导轨自由支承；（b）滚柱或滚针导轨预加载；（c）交叉式滚柱导轨；（d）循环式滚动导轨块
1—循环式直线滚动块；2—淬火钢导轨

①采用过盈配合。预加载荷大于外载荷，预紧力产生过盈量为 $2 \sim 3 \ \mu m$，过大会使牵引力增加。若运动部件较重，则其重力可起预加载荷作用；若刚度满足要求，则可不施预加载荷。

②调整法。通过调整螺钉、斜块或偏心轮进行预紧。图 3 – 21（b）、图 3 – 21（c）、图 3 – 21（d）所示是采用调整法预紧的滚动导轨。

3）导轨的润滑

导轨面进行润滑后，可降低摩擦因数、减少磨损，并且可防止导轨面锈蚀。导轨常用的润滑剂有润滑油和润滑脂，前者用于滑动导轨，而滚动导轨两种润滑剂都能用。当工作温度变化时，润滑油黏度变化小，要有良好的润滑性能和足够的油膜刚度，油中杂质尽量少且不侵蚀机件。常用的全损耗系统用油有 L – AN10，L – AN15，L – AN32，L – AN42，L – AN68，精密机床导轨油 L – HG68，汽轮机油 L – TSA32，L – TSA46 等。

导轨的润滑一般采用自动润滑，在操作使用中要注意检查自动润滑系统中的分流阀，如果它发生故障，则会造成导轨不能自动润滑。此外，必须每天检查导轨润滑油箱的油量，如果油量不够，则应及时添加润滑油。同时要注意检查润滑油泵是否能够定时启动和停止，并且要注意检查定时启动时是否能够提供润滑油。

4）导轨的防护

为了防止切屑、磨粒或切削液散落在导轨面上而引起磨损、擦伤和锈蚀，导轨面上应有可靠的防护装置。常用的刮板式、卷帘式和叠层式防护罩，大多用于长导轨。在机床使用过程中应防止损坏防护罩，对叠层式防护罩应经常用刷子蘸机油清理移动接缝，避免碰壳现象的产生。

四、自动换刀装置的维护技术基础

数控机床使用的回转刀架是比较简单的自动换刀装置，常用的类型有四方刀架、六角刀架，即在其上装有 4 把、6 把刀具。回转刀架根据刀架回转轴与安装地面的相对位置，又分为立式刀架和卧式刀架两种，立式刀架的回转轴垂直于机床主轴，多用于经济型数控车床；卧式回转刀架的回转轴平行于机床主轴，可径向与轴向安装刀具。

（一）经济型数控车床自动回转刀架

四方刀架是数控车床最常用的一种典型换刀刀架，是一种最简单的自动换刀装置。四方刀架上回转头各刀座用于安装或支持各种不同用途的刀具，通过回转头的旋转、分度和定位，实现数控车床的自动换刀。四方刀架分度准确、定位可靠、重复定位精度高、转位速度快、夹紧性好，可以保障数控车床的高精度和高效率。同时，四方刀架必须具有良好的强度和刚度，以承受粗加工的切削力，同时要保证回转刀架在每次转位的重复定位精度。

四方刀架（见图 3 – 22）可以安装 4 把不同的刀具，转位信号由加工程序指定。当换刀指令发出后，小型电机 1 启动正转，通过平键套筒联轴器 2 使蜗杆轴 3 转动，从而带动蜗轮丝杠 4 转动。蜗轮的上部外圆柱加工有外螺纹，所以该零件称为蜗轮丝杠。刀架体 7 内孔加工有内螺纹，与蜗轮丝杠旋合。蜗轮丝杠与刀架中心轴外圆滑动配合，在转位换刀时，中心轴固定不动，蜗轮丝杠环绕刀架中心轴旋转。当蜗轮丝杠开始旋转时，由于刀架底座 5 和刀架体 7 上的端面齿处在啮合状态，且蜗轮丝杠轴向固定，因此刀架体 7 抬起。当刀架体抬至一定距离后，端面齿脱开。转位套 9 用销钉与蜗轮丝杠 4 连接，随蜗轮丝杠一同转动，当端面齿完全脱开，转位套 9 正好转过 160°，如图 3－22（a）所示，球头销 8 在弹簧力的作用下进入转位套 9 的槽中，带动刀架体转位。刀架体 7 转动时带着电刷座 10 转动，当转到程序指定的刀号时，粗定位销 15 在弹簧力的作用下进入粗定位盘 6 中进行粗定位；同时电刷 13，14 接触导通，使电机 1 反转，由于粗定位盘的限制，刀架体 7 不能转动，因此在该位置上垂直落下，刀架体 7 和刀架底座 5 上的端面齿啮合，实现精确定位。电机继续反转，此时蜗轮丝杠停止转动，蜗杆轴 3 继续转动，随着夹紧力的增加，转矩不断增大，达到一定值时，在传感器控制下，电机 1 停止转动。

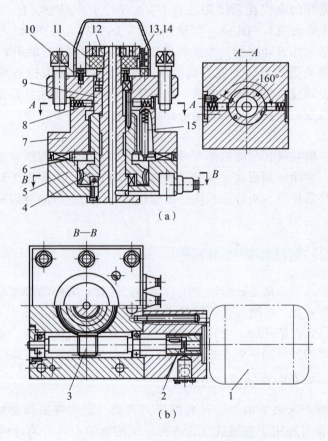

图 3－22　数控车床四方刀架结构

1—电机；2—联轴器；3—蜗杆轴；4—蜗轮丝杠；5—刀架底座；
6—粗定位盘；7—刀架体；8—球头销；9—转位套；10—电刷座；
11—发信体；12—螺母；13，14—电刷；15—粗定位销

译码装置由发信体 11 和电刷 13，14 组成，电刷 13 负责发信，电刷 14 负责位置判断。刀架不定期出现过位或不到位时，可松开螺母 12 调好发信体 11 与电刷 14 的相对位置。

这种刀架在经济型数控车床及普通车床的控制化改造中广泛应用。

（二）自动换刀装置常见故障

1. 刀架不能启动

（1）机械方面

①刀架预紧力过大。

用六角扳手插入蜗杆端部旋转时不易转动，而用力时可以转动，但下次夹紧后刀架仍不能启动。出现这种现象，可确定刀架不能启动的原因是预紧力过大，调小刀架电机夹紧电流即可。

②刀架内部机械卡死。

当从蜗杆端部转动蜗杆时，顺时针方向转不动，其原因是机械卡死。首先，检查夹紧装置反靠定位销是否在反靠棘轮槽内，若在，则需将反靠棘轮与螺杆连接销孔回转一个角度重新打孔连接；其次，检查主轴螺母是否锁死，若螺母锁死，则应重新调整；再次，由于润滑不良造成旋转件研死，此时，应拆开观察实际情况，加以润滑处理。

（2）电气方面

①电源不通，电机不转。

检查容芯是否完好、电源开关是否良好接通、开关位置是否正确。当用万用表测量电容时，电压值是否在规定范围内，可通过更换保险、调整开关位置、使接通部位接触良好等相应措施来排除。除此以外，电源不通的原因还可考虑刀架至控制器断线、刀架内部断线、电刷式霍尔元件位置变化导致不能正常通断等情况。

②电源通，电机反转。

这种故障可确定为电机相序接反。通过检查线路、变换相序来排除。手动换刀正常，机控不换刀，此时应重点检查计算机与刀架控制器引线、计算机 I/O 接口及刀架到位信号。

2. 刀架连续运转，到位不停

由于刀架能够连续运转，所以机械方面出现故障的可能性较小，主要从电气方面进行检查。

检查刀架到位信号是否发出，若没有到位信号，则是发信盘故障。此时可检查发信盘弹性片触头是否磨坏，发信盘地线是否断路、接触不良或漏接，是否需要更换弹性片触头或重修，针对其线路中的继电器接触情况、到位开关接触情况、线路连接情况相应地进行线路故障排除。当仅出现某号刀不能定位时，则一般是由于该号刀位线断路。

3. 刀架越位过冲或转不到位

刀架越位过冲故障的机械原因最有可能是后靠装置不起作用。检查后靠定位销是否灵活、弹簧是否疲劳。此时应修复后靠定位销使其灵活或更换弹簧。检查后靠棘轮与蜗杆连接是否断开，若断开，则需更换连接销。若仍出现过冲现象，则可能是由于刀具太长、过重，应更换弹性模量稍大的定位销弹簧。出现刀架运转不到位（有时中途位置突然停留）故障，主要是由于发信盘触头与弹性片触头错位，即刀位信号胶木盘位置固定偏移。此时，应重新调整发信盘与弹性片触头位置并固定牢靠。

4. 刀架不能正常夹紧

出现该故障时应当检查夹紧开关位置是否固定不当，并调整至正常位置。用万用表检查其相应线路继电器是否能正常工作，触点接触是否可靠。若仍不能排除故障，则应考虑刀架内部机械配合是否松动。有时会由于内齿盘上有碎屑造成夹紧不牢而使定位不准，此时，应调整其机械装配并清洁内齿盘。

知识点 2　数控车床电气控制及数控系统的维护保养技术基础

数控车床电气控制系统是数控车床的灵魂，数控车床电气回路连接完成后，要对其进行系统数据的设定和调整，才能保证数控车床正常运行。在进行数控车床调试或故障排除工作时，一是要对数控车床调试数据适时地进行备份或恢复，二是要掌握数控车床故障诊断技术。

一、数控车床电气回路连接与系统调试

（一）电气回路连接

本知识点主要以数控车床典型电气回路——机床刀架为例，通过对霍尔效应、刀架电路原理图以及梯形图控制等内容的介绍来认识数控车床典型电气回路的工作原理。

1. 霍尔元件

在数控车床上常用到霍尔元件，霍尔元件是一种磁敏元件。利用霍尔元件做成的开关，称为霍尔开关。当磁性物体移近霍尔开关时，开关检测面上的霍尔元件因产生霍尔效应而使开关内部电路状态发生变化，由此识别附近磁性物体，进而控制开关的通或断。这种接近霍尔开关的检测对象必须是磁性物体。

用霍尔开关检测刀位。首先，得到换刀信号，即换刀开关先接通。随后电机驱动放大器正转，刀架抬起，电机继续正转，刀架转过一个工位，霍尔元件检测是否为所需刀位，若是，则电机停转延时再反转刀架下降压紧；若不是，电机继续正转，刀架继续转位直至所需刀位。霍尔元件执行图，如图 3-23 所示。

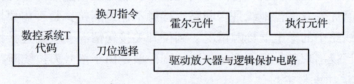

图 3-23　霍尔元件执行图

2. 电动刀架电气原理

电动刀架采用由销盘、内端齿盘、外端齿盘组合而成的三端齿定位机构，采用蜗轮蜗杆传动、齿盘啮合、螺杆夹紧的工作原理。当系统没有发出换刀信号时，发信盘内当前刀位的霍尔元件信号处于低电平状态。刀架转到某个刀位时，系统输出正转信号，此时继电器通电吸合，使接触器通电吸合，刀架正转。当刀架转至所需刀位时，该刀位霍尔元件在磁钢作用下，使该号刀产生低电平信号，这时刀架正转信号断开，系统输出反转信号，同时另一个继电器通电吸合，使相应接触器通电吸合，刀架反转，反转到位后，刀架电机停止，完成一次换刀控制过程。图 3-24 所示为电动刀架正反转原理图。

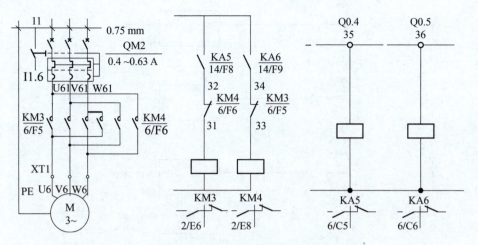

图 3－24　电动刀架正反转原理图

3. 电动刀架 PLC 控制

数控车床电动刀架由 PLC 进行控制，数控车床电动刀架的控制原理其实就是刀架的整个换刀过程。刀架的换刀过程其实是通过 PLC 对控制刀架的所有 I/O 信号进行逻辑处理及计算，以实现刀架的顺序控制。电动刀架的 PLC 地址表如表 3－1 所示。

表 3－1　电动刀架的 PLC 地址表

名称	输入	输出
1 号刀	I0.0	
2 号刀	I0.1	
3 号刀	I0.2	
4 号刀	I0.3	
刀架正转		Q0.4
刀架反转		Q0.5
刀架过载	I1.6	

电动刀架的 PLC 梯形图，如图 3－25 所示。

（二）数控系统

Sinumerik 828D 数控系统是基于操作面板的紧凑型数控系统，便于调试和维护。其按性能可分为三种：PPU240/241（基本型），PPU260/261（标准型），PPU280/281（高性能型）。Sinumerik 828D 数控系统通常可以与 Sinumerik S120 书本型驱动连接。图 3－26 所示为 Sinumerik 828D 数控系统各部件的连接总图。

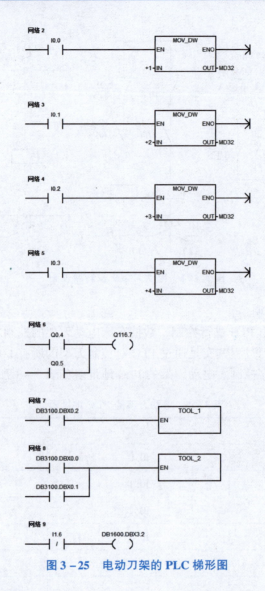

图 3 – 25　电动刀架的 PLC 梯形图

1. Sinumerik 828D PPU

Sinumerik 828D PPU 如图 3 – 27 所示。

①X1 是 3 芯端子式插座（插头上已标明 24 V，0 V 和 PE）。

②X100，X101 和 X102 是 DriveCliQ 高速驱动接口。

③X130 是工厂以太网接口。

④X125 是 USB 外设接口。

⑤X140 是 RS232 接口（9 芯针式 D 型插座）。

⑥X143 是手轮接口。

⑦X132 是数字 I/O Sinamics 高速 I/O 接口。

⑧X242 是数字 I/O CNC 高速 I/O 接口。

⑨X252 是数字 I/O CNC 高速 I/O 接口。

⑩X122 是数字 I/O Sinamics 高速 I/O 接口。

⑪PN1 是 Profinet 接口（连接 MCP，PP72/48D PN）。

⑫PN2 是 Profinet 接口（PPU240/241 没有此接口）。

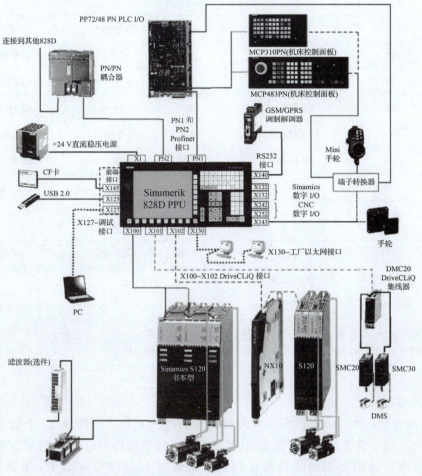

图 3－26　Sinumerik 828D 数控系统各部件的连接总图

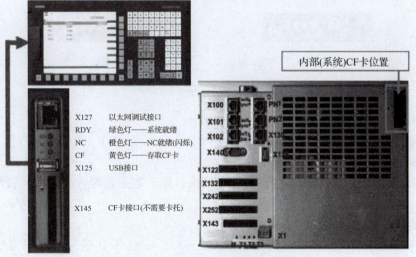

图 3－27　Sinumerik 828D PPU

手轮接口如表 3-2 所示。数字 I/O Sinamics 高速 I/O 接口如表 3-3 所示。

表 3-2　手轮接口

引脚	信号名	说明	引脚	信号名	说明
1	P5	5 V 手轮电源	7	P5	5 V 手轮电源
2	M	信号地	8	M	信号地
3	1A	A1 相脉冲	9	2A	A2 相脉冲
4	/1A	A1 相脉冲负	10	/2A	A2 相脉冲负
5	1B	B1 相脉冲	11	2B	B2 相脉冲
6	/1B	B1 相脉冲负	12	/2B	B2 相脉冲负

表 3-3　数字 I/O Sinamics 高速 I/O 接口

引脚	信号名	说明	引脚	信号名	说明
1	ON/OFF 1	驱动器使能	…		
2	ON/OFF 3	控制使能	7	M	信号地

注：PPU2××.2 的 X122 口一共有 14 针，第 7 针是信号地。

PPU2××.1 的 X122 口一共有 12 针，第 5 针是信号地。

2. I/O 模块 PP72/48D PN

PP72/48D PN 是一种基于 Profinet 网络通信的电气元件，可提供 72 个数字输入和 48 个数字输出。每个模块具有三个独立的 50 芯插槽，每个插槽中包括 24 位数字量输入和 16 位数字量输出（输出的驱动能力为 0.25 A，系数为 1）。PP72/48D PN 模块如图 3-28 所示。

 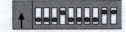

PP 72/48D PN 模块 1(地址：9)　　　PP 72/48D PN 模块 2(地址：8)

图 3-28　PP72/48D PN 模块

PP72/48D PN 模块结构图，如图 3-29 所示。

①X1 是 24 V DC 电源，3 芯端子式插头（插头已标明 24 V，0 V 和 PE）。

②X2 是 Profinet 接口：Port1 和 Port2。

③X111，X222，X333 是 50 芯扁平电缆插头，用于数字量输入和输出，可与端子转换器连接。

④S1 是 Profinet 地址开关。

第一 PP72/48D PN 模块（总线地址：192.168.214.9）I/O 信号的逻辑地址和接口端子号的对应关系如表 3-4 所示。

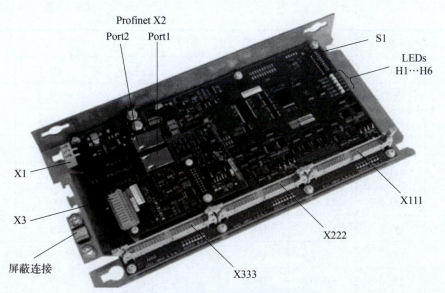

图 3 – 29　PP72/48D PN 模块结构图

表 3 – 4　第一 PP72/48D PN 模块 I/O 信号的逻辑地址和接口端子号的对应关系

端子	X111	X222	X333	端子	X111	X222	X333
1	数字输入公共端 0 V DC			16	I1.5	I4.5	I7.5
2	数字输出公共端 24 V DC			17	I1.6	I4.6	I7.6
3	I0.0	I3.0	I6.0	18	I1.7	I4.7	I7.7
4	I0.1	I3.1	I6.1	19	I2.0	I5.0	I8.0
5	I0.2	I3.2	I6.2	20	I2.1	I5.1	I8.1
6	I0.3	I3.3	I6.3	21	I2.2	I5.2	I8.2
7	I0.4	I3.4	I6.4	22	I2.3	I5.3	I8.3
8	I0.5	I3.5	I6.5	23	I2.4	I5.4	I8.4
9	I0.6	I3.6	I6.6	24	I2.5	I5.5	I8.5
10	I0.7	I3.7	I6.7	25	I2.6	I5.6	I8.6
11	I1.0	I4.0	I7.0	26	I2.7	I5.7	I8.7
12	I1.1	I4.1	I7.1	27	无定义		
13	I1.2	I4.2	I7.2	28	无定义		
14	I1.3	I4.3	I7.3	29	无定义		
15	I1.4	I4.4	I7.4	30	无定义		

续表

端子	X111	X222	X333	端子	X111	X222	X333
31	Q0.0	Q2.0	Q4.0	40	Q1.1	Q3.1	Q5.1
32	Q0.1	Q2.1	Q4.1	41	Q1.2	Q3.2	Q5.2
33	Q0.2	Q2.2	Q4.2	42	Q1.3	Q3.3	Q5.3
34	Q0.3	Q2.3	Q4.3	43	Q1.4	Q3.4	Q5.4
35	Q0.4	Q2.4	Q4.4	44	Q1.5	Q3.5	Q5.5
36	Q0.5	Q2.5	Q4.5	45	Q1.6	Q3.6	Q5.6
37	Q0.6	Q2.6	Q4.6	46	Q1.7	Q3.7	Q5.7
38	Q0.7	Q2.7	Q4.7	47	数字输出公共端 24 V DC		
39	Q1.0	Q3.0	Q5.0				

第二 PP72/48D PN 模块（总线地址：192.168.214.8）I/O 信号的逻辑地址和接口端子号的对应关系如表 3-5 所示。

表 3-5　第二 PP72/48D PN 模块 I/O 信号的逻辑地址和接口端子号的对应关系

端子	X111	X222	X333	端子	X111	X222	X333
1	数字输入公共端 0 V DC			16	I10.5	I13.5	I16.5
2	数字输出公共端 24 V DC			17	I10.6	I13.6	I16.6
3	I9.0	I12.0	I15.0	18	I10.7	I13.7	I16.7
4	I9.1	I12.1	I15.1	19	I11.0	I14.0	I17.0
5	I9.2	I12.2	I15.2	20	I11.1	I14.1	I17.1
6	I9.3	I12.3	I15.3	21	I11.2	I14.2	I17.2
7	I9.4	I12.4	I15.4	22	I11.3	I14.3	I17.3
8	I9.5	I12.5	I15.5	23	I11.4	I14.4	I17.4
9	I9.6	I12.6	I15.6	24	I11.5	I14.5	I17.5
10	I9.7	I12.7	I15.7	25	I11.6	I14.6	I17.6
11	I10.0	I13.0	I16.0	26	I11.7	I14.7	I17.7
12	I10.1	I13.1	I16.1	27	无定义		
13	I10.2	I13.2	I16.2	28	无定义		
14	I10.3	I13.3	I16.3	29	无定义		
15	I10.4	I13.4	I16.4	30	无定义		

续表

端子	X111	X222	X333	端子	X111	X222	X333
31	Q6.0	Q8.0	Q10.0	41	Q7.2	Q9.2	Q11.2
32	Q6.1	Q8.1	Q10.1	42	Q7.3	Q9.3	Q11.3
33	Q6.2	Q8.2	Q10.2	43	Q7.4	Q9.4	Q11.4
34	Q6.3	Q8.3	Q10.3	44	Q7.5	Q9.5	Q11.5
35	Q6.4	Q8.4	Q10.4	45	Q7.6	Q9.6	Q11.6
36	Q6.5	Q8.5	Q10.5	46	Q7.7	Q9.7	Q11.7
37	Q6.6	Q8.6	Q10.6	47	数字输出公共端 24 V DC		
38	Q6.7	Q8.7	Q10.7	48	数字输出公共端 24 V DC		
39	Q7.0	Q9.0	Q11.0	49	数字输出公共端 24 V DC		
40	Q7.1	Q9.1	Q11.1	50	数字输出公共端 24 V DC		

3. 系统调试

（1）上电前检查

①检查线：包括反馈、动力、24 V 电源、地线。

②检查拨码开关、MCP（7，9，10）和 PP72/48D（1，4，9，10）。

（2）上电调试

①检查版本。

②初始设定：语言、口令、日期时间、选项、MD12986、RCS 连接。

③检查 PLC I/O 是否正确，包括急停、硬限位等。

④检查手轮接线（DB2700.DBB12）。

⑤下载 PLC。

⑥检查急停功能是否正常。

⑦驱动调试：拓扑识别、分配轴、修改拓扑比较等级（p9906）、配置供电数据、电网识别（p3410）。

（3）调整硬限位

①数控数据设定：机械参数、轴速度、方向、设置零点、软限位等。

②刀库调试。

③辅助功能调试。

④基本功能备份（BASIC_FUNCTION.ard），驱动要选 ASCII 格式。

⑤考机 48 h。

（4）伺服优化

①轴策略选适中、101、303、201。

②自动优化，导出每个轴的优化结果（.xml）和优化报告（.rtf）。

③各轴参数整定，策略 1101，选择所有轴，包括主轴。

④圆度测试。

（5）激光干涉仪测试

①螺补。

②反向间隙。

③球杆仪测试。

（6）试切

①标准圆，标准方。

②机床厂自己样件。

（7）备份

①机床测试协议。

②电柜检查表。

③. ard 全部备份。

④数控生效数据全部备份：测量系统误差补偿、机床数据、设定数据、刀具/刀库数据；制造商循环备份，包括换刀子程序 L6 或者 TCHANGE，TCA，CYCPE_MA，MAG_Conf。

⑤PLC 程序备份 . ptp；PLC 报警文本 . ts 和 . qm，报警帮助文本；Easy Extend；用户自定义界面；E－log，txt 和 xml；系统许可证备份 . Alm；优化测试结果如图 3－30 所示。

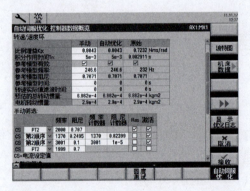

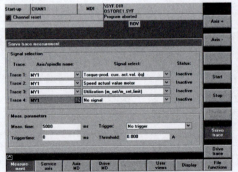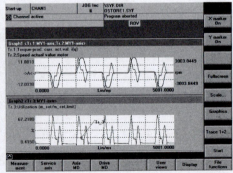

图 3－30　优化测试结果

⑥圆度测试结果如图 3－31 所示。

⑦PLC I/O 地址。

⑧机床操作说明：MCP 自定义键说明、M 代码功能说明、PLC 报警文本内容说明、

PLC 数据 MD14510 说明、刀库操作说明。

⑨照片：机床、电柜、试切。

⑩试切件程序。

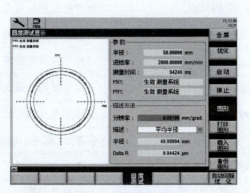

图 3 – 31　圆度测试结果

常用机床数据如表 3 – 6 所示。

表 3 – 6　常用机床数据

传动系统参数	
MD32100 AX_MOTION_DIR	轴运动方向(不是反馈极性)
MD31030 LEADSCREW_PITCH	丝杠螺距
MD31040 ENC_IS_DIRECT[0]…[1]	直接测量系统
MD31050 DRIVE_AX_RATIO_DENOM[0]…[5]	负载变速箱分母
MD31060 DRIVE_AX_RATIO_NUMERA[0]…[5]	负载变速箱分子
轴速度	
MD32000 MAX_AX_VELO	最大轴速度
MD32010 JOG_VELO_RAPID	点动方式快速速度
MD32020 JOG_VELO	点动速度
MD36200 AX_VELO_LIMIT[0]…[5]	速度监控的门限值
主轴相关	
MD35010 GEAR_STEP_CHANGE_ENABLE	齿轮级改变使能
MD35110 GEAR_STEP_MAX_VELO[0]…[5]	主轴各挡最高转速
MD35120 GEAR_STEP_MIN_VELO[0]…[5]	主轴各挡最低转速
MD35130 GEAR_STEP_MAX_VELO_LIMIT[0]…[5]	主轴各挡最高转速限制
MD35140 GEAR_STEP_MIN_VELO_LIMIT[0]…[5]	主轴各挡最低转速限制
SD43200 SA_SPIND_S	通过 VDI 进行主轴启动时的速度

学习情境三　数控车床维护保养技术

续表

返回参考点	
MD34010 REFP_CAM_DIR_IS_MINUS	负方向返回参考点
MD34020 REFP_VELO_SEARCH_CAM	寻找参考点开关的速度
MD34040 REFP_VELO_SEARCH_MARKER	寻找零脉冲的速度
MD34060 REFP_MAX_MARKER_DIST	寻找零标记的最大距离
MD34070 REFP_VELO_POS	返回参考点的定位速度
MD34100 REFP_SET_POS	参考点（相对于机床坐标系）的位置
MD34110 REFP_CYCLE_NR	返回参考点次序
MD34200 ENC_REFP_MODE[0]…[1]	返回参考点模式
MD34210 ENC_REFP_STATE[0]…[1]	绝对值编码器调试状态
MD11300 JOG_INC_MODE_LEVELTRIGGRD	返回参考点触发方式
软限位	
MD36100 POS_LIMIT_MINUS	第一软限位负向
MD36110 POS_LIMIT_PLUS	第一软限位正向
优化	
MD32200 POSCTRL_GAIN[0]…[5]	位置环增益
MD32810 EQUIV_SPEEDCTRL_TIME[0]…[5]	速度控制环等效时间常数
MD32640 STIFFNESS_CONTROL_ENABLE	动态刚性控制
MD32420 JOG_AND_POS_JERK_ENABLE	手动和定位方式下轴加加速度限制使能
MD32430 JOG_AND_POS_MAX_JERK	手动方式下轴加加速度最大值
MD32431 MAX_AX_JERK[0]…[4]	自动方式下轴加加速度最大值
MD32432 PATH_TRANS_JERK_LIM[0]…[4]	轨迹控制时程序段过渡处轴加加速度最大值
刀库管理	
MD20270 CUTTING_EDGE_DEFAULT	未编程时刀具刀沿的默认设置
MD20310 MC_TOOL_MANAGEMENT_MASK	激活不同类型的刀具管理
MD52270 MCS_TM_FUNCTION_MASK	刀库管理功能

二、数控车床数据备份与恢复

1. 创建批量调试文件

注：创建批量调试文件前，请确认拓扑比较等级已改为"中级"，否

数控车床数据
备份与恢复

则在批量调试时会出现驱动报警。

选中"建立批量调试"单选按钮，单击"确认"按钮，选择需要备份的项目，单击"确认"按钮，如图 3 – 32 所示。

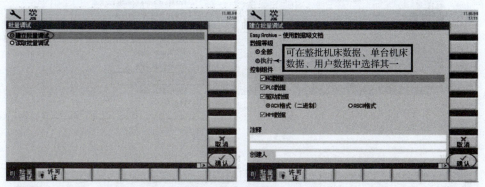

图 3 – 32　选择备份项目

选择批量调试文件的存储位置。可以保存在系统内部的制造商目录中，也可以直接存入 U 盘，单击"确认"按钮。输入文件名称，单击"确认"按钮，如图 3 – 33 所示。

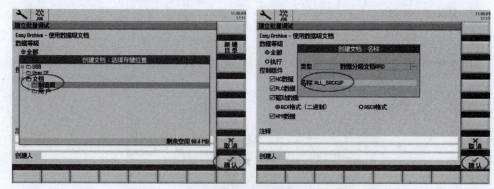

图 3 – 33　选择存储位置

2. 读取批量调试文件

①如果批量调试文件在系统内部，先将批量调试文件复制到 U 盘或 CF 卡上。

②进入启动菜单，进行系统出厂设置。此操作会将系统内部的批量调试文件删除，所以必须将批量调试文件提前拷出。进入启动菜单的方法如下：在系统开机时，单击 SELECT 按钮，然后顺序单击 🔧、▶、▣ 批量调试 三个按钮进入启动菜单，选择 Factory settings，如图 3 – 34 所示。

③读取批量调试文件。

前提条件：必须具有"用户"或以上存取级别。

选中"读取批量调试"单选按钮，单击"确认"按钮，选择要读取的文件，单击"确认"按钮，系统开始读取批量调试文件，如图 3 – 35 所示。

如果当前存取级别为"制造商"，则还会出现读取内容的选择界面，可以根据需要勾选，然后单击"确认"按钮，如图 3 – 36 所示。如果存取级别为"制造商"以下，则不会出现选择界面，只能全部读取。

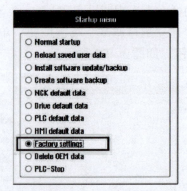

图3-34　出厂设置

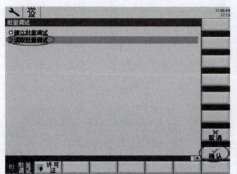
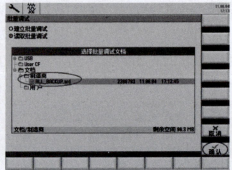

图3-35　选择读取文件

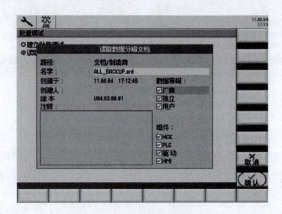

图3-36　选择读取内容

④机床数据调整。

在读取批量调试文件后，需要调整一系列机床数据。具体数据调整如下。

a. 如果是绝对值编码器，则需要重新设置参考点位置。

b. 调整软限位 MD36100 和 MD36110。

c. 调整刀库换刀点位置，见制造商循环中的"L6. mpe"换刀子程序。

d. 测试反向间隙，调整 MD32450。

e. 激光干涉仪测试，进行丝杠螺距误差补偿。

三、数控车床常见故障诊断与排除

根据数控车床的结构、工作原理和特点，常见故障一般可分为 CNC 故障、机械故障、电气故障三大类型。结合在维修中的经验，故障维修时可分为下列几个步骤：故障现象—故障分析—故障范围—故障排除。总之，数控车床的故障现象各不相同，一定要理论联系实际，及时总结经验，并做好检修记录，不断提高自己排除故障的能力。

（一）数控车床的故障诊断原则

1. 先外部后内部

数控车床是集机械、液压、电气和光学为一体的机床，故其故障也会由这四者综合反映出来。维修人员应由外向内逐一进行排查，尽量避免随意地启封、拆卸数控车床，否则会扩大故障，使数控车床元气大伤，从而丧失精度、降低性能。

2. 先机械后电气

一般来说，机械故障较易发现，而数控系统电气故障的诊断则难度较大。在故障检修之前，注意排除机械故障，往往可达到事半功倍的效果。

3. 先静后动

先在数控车床断电的静止状态，通过了解、观察测试、分析确认为非破坏性故障后，方可给数控车床通电。在通电运行状态下，进行动态的观察、检验和测试，查找故障。而对于破坏性故障，必须先排除危险后，方可给数控车床通电。

4. 先简单后复杂

当出现多种故障互相交织掩盖，一时无从下手时，应先解决简单的问题，后解决难度较大的问题。往往简单问题解决后，难度大的问题也可能变得容易。

（二）数控车床的故障诊断技术

数控系统是高技术、密集型产品，要想迅速而正确地查明故障原因并确定其部位，要借助诊断技术。随着微处理器的不断发展，诊断技术也由简单的诊断朝着多功能的高级诊断或智能化方向发展。诊断能力的强弱也是评价 CNC 系统性能的一项重要指标。目前使用的各种 CNC 系统的诊断技术可分为以下几类。

1. 启动诊断

启动诊断是指 CNC 系统每次通电，系统内部诊断程序就自动执行的诊断。诊断的内容为系统中最关键的硬件和系统控制软件，如 CPU、存储器、I/O 等模块，以及 MDI/CRT 单元、纸带阅读机、软盘单元等装置或外部设备。只有当全部项目都确认无误之后，整个系统才能进入正常运行的准备状态。否则，将在 CRT 显示器画面或发光二极管用报警方式指示故障信息。此时，启动诊断过程不能结束，系统无法投入运行。

2. 在线诊断

在线诊断是指通过 CNC 系统的内装程序，在系统处于正常运行状态时对 CNC 系统本身及与 CNC 装置相连的各个伺服单元、伺服电机、主轴伺服单元和主轴电机以及外部设备等进行的自动诊断、检查。只要系统不停电，在线诊断就不会停止。

在线诊断一般包括上千条自动诊断功能的显示状态，常以二进制的 0 和 1 来显示。对于正逻辑来说，0 表示断开状态，1 表示接通状态，借助状态显示可以判断出故障发生的部位。常用的有接口状态和内部状态显示，例如，利用I/O接口状态显示，再结合PLC梯形图和强电控制电路图，用推理法和排除法即可判断出故障所在的真正位置。故障信息大都以报警号形式出现，一般可分为以下几大类：①过热报警类；②系统报警类；③存储报警类；④编程/设定类；⑤伺服类；⑥行程开关报警类；⑦印制电路板间的连接故障类。

3. 离线诊断

离线诊断是指数控系统出现故障后，机床厂或专业维修中心利用专用的诊断软件和测试装置进行停机（或脱机）检查。力求把故障定位到尽可能小的范围内，如缩小到某个功能模块、某部分电路，甚至某个芯片或元件，这种故障定位更为精确。

4. 现代诊断技术

随着电信技术的发展，IC和微机性能/价格比的提高，近年来国外已将一些新的概念和方法成功地引入诊断领域。

（1）通信诊断

通信诊断又称远程诊断，即利用电话通信线，把带故障的CNC系统和专业维修中心的专用通信诊断计算机通过电话通信线连接进行测试诊断。例如，西门子公司在CNC系统诊断中采用了这种诊断技术，用户把CNC系统中专用的"通信接口"连接在电话通信线上，而西门子公司维修中心的专用通信诊断计算机的"数据电话"也连接到电话通信线上，然后由计算机向CNC系统发送诊断程序，并将测试数据输入计算机进行分析并得出结论，随后将诊断结论和处理办法通知用户。

通信诊断还可为用户做定期的预防性诊断，维修人员不必亲临现场，只需按预定的时间对机床做一系列运行检查，在维修中心分析诊断数据，即可发现存在的故障隐患，以便及早采取措施。当然，这类CNC系统必须具备远程诊断接口及联网功能。

（2）自修复系统

自修复系统就是在系统内设置备用模块，在CNC系统的软件中装有自修复程序，当该软件运行时，一旦发现某个模块发生故障，系统将故障信息显示在CRT显示器上，同时自动寻找是否有备用模块，如有备用模块，则系统能自动使故障模块脱机，并接通备用模块，从而可以使系统较快地进入正常工作状态。这种方案适用于无人管理的自动化工作场合。

（三）数控车床的故障排除方法

数控车床故障比较复杂，同时，数控系统自诊断能力还不能对系统的所有部件进行测试，往往一个报警号提示很多的故障原因，使维修人员难以下手去排除故障。下面介绍维修人员在生产实践中常用的故障排除方法。

一般来说，当数控车床发生故障时，操作人员应及时按下"急停"按钮，停止系统运行，并保护好现场。首先应充分调查故障现场，向操作人员详细询问出现故障的全过程，并仔细分析、认真推理，然后进行逻辑判断及故障归类。通常，以下几点是综合性故障的分析、判断过程。

1. 充分调查故障现场

出现故障之后，首先要了解现场情况和故障现象，仔细观察工作寄存器和缓冲寄存器中尚存的内容，了解已经执行过的程序内容，并且要观察各个印制电路板上有无报警红灯，然后再按 CNC "复位" 按钮，观察故障报警是否消失。如报警消失，则故障多属于软件故障，否则，即属于硬件故障。对于非破坏性故障，有条件时可以重演故障，仔细观察故障现象。

2. 罗列可能造成故障的诸多因素

数控车床上出现同一种故障的原因有可能是多种多样的，有机械、机床电气和控制系统等各方面的因素，因此，在分析时要把有关的因素都罗列出来。例如，当 CPU 板发生故障时，一般有以下现象。

①显示器无任何显示，系统无法启动。

②系统不能通过自检，显示器有图像显示，但不能进入 CNC 正常画面。

③显示器有图像显示，能进入 CNC 画面，但不响应键盘的任何键。

④通信不能进行。

当 CPU 板发生故障时，一般情况下只能更换新的 CPU 备件板。

3. 逐步找出故障产生的原因

根据故障现象罗列出许多因素后，找出确切因素才能排除故障。因此，必须对各因素优先选择和综合判断。综合判断需要该数控车床的完整技术档案，包括维修记录、必要的测试手段和工具仪器，确定最有可能的因素，然后通过必要的试验逐一寻找、确定。例如，位置测量系统板故障时，一般有以下现象。

①CNC 不能执行回参考点动作，或每次回参考点位置不一致。

②坐标轴、主轴的运动速度不稳定或不可调。

③加工尺寸不稳定。

④出现测量系统或接口电路硬件故障报警。

⑤在驱动器正常的情况下，坐标轴不运动或定位不正确。

位置测量系统板发生故障时，一般应先检查测量系统的接口电路，包括编码器输入信号的接口电路、位置给定输出的 D/A 转换器回路等，在现场不能修理的情况下，一般应更换一块新的备件板。

知识点 3　数控车床液压系统的维护保养技术基础

在数控车床中，液压装置起很多辅助作用：自动换刀所需的动作，如机械手的伸缩、回转和摆动及刀具的松开和拉紧动作；车床运动部件的制动和离合器的控制，齿轮拨叉挂挡等；车床的润滑和冷却；夹具的自动松开和夹紧等。

一、液压系统的特点及应用

①采用单向变量液压泵向系统供油，能量损失小。

②用换向阀控制卡盘，实现高压和低压夹紧的转换，并且分别调节高压夹紧力或低压夹紧力的大小，这样可根据工件情况调节夹紧力，操作方便、简单。

③用液压马达实现刀架的转位，可实现无级调速，并能控制刀架正反转。

④用换向阀控制尾座套筒液压缸的换向，以实现尾座套筒的伸出或缩回，并能调节尾座套筒伸出工作时的预紧力大小，以适应不同工件的需要。

⑤压力表可分别显示系统相应处的压力，以便于故障的诊断和调试。

二、液压系统的工作原理

图3-37所示为MJ-50数控车床液压系统的原理图。该数控车床中由液压系统实现的动作有卡盘的夹紧与松开、刀架的夹紧与松开、刀架的正反转、尾座套筒的伸出与缩回。液压系统中各电磁阀的电磁铁动作由数控系统的PC控制实现。

该数控车床的液压系统采用单向变量液压泵供油，系统压力调至4 MPa，压力由压力表14显示。液压泵输出的压力油经过单向阀进入系统，其工作原理如下。

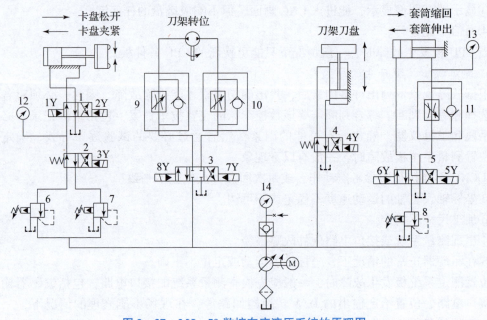

图3-37　MJ-50数控车床液压系统的原理图

1~5—换向阀；6~8—减压阀；9~11—调速阀；12~14—压力表

1. 卡盘的夹紧与松开

当卡盘处于正卡（又称外卡）且在高压夹紧状态下，夹紧力的大小由减压阀6来调整，夹紧力由压力表12来显示。当1Y通电时，换向阀1左位工作，系统压力油经减压阀6、减压阀2、减压阀1到液压缸右腔，液压缸左腔的油液经换向阀1直接回油箱。这时，活塞杆左移，卡盘夹紧。反之，当2Y通电时，换向阀1右位工作，系统压力油经减压阀6、减压阀2、减压阀1到液压缸左腔，液压缸右腔的油液经换向阀1直接回油箱，活塞杆右移，卡盘松开。

当卡盘处于正卡且在低压夹紧状态时，夹紧力的大小由减压阀7来调整。这时，3Y通电，换向阀2右位工作。换向阀1的工作情况与高压夹紧状态时相同。卡盘反卡（又称内卡）时的工作情况与正卡相似。

2. 回转刀架的回转

回转刀架换刀时，首先刀架松开，然后刀架转位到指定的位置，最后刀架复位夹紧。

当4Y通电时，换向阀4右位工作，刀架松开。当8Y通电时，液压马达带动刀架正转，转速由单向调速阀9控制。当7Y通电时，液压马达带动刀架反转，转速由单向调速阀10控制。当4Y断电时，换向阀4左位工作，液压缸使刀架夹紧。

3. 尾座套筒的伸缩运动

当6Y通电时，换向阀5左位工作，系统压力油经减压阀8、换向阀5到尾座套筒液压缸的左腔，液压缸右腔的油液经单向调速阀11、换向阀5流回油箱，液压缸筒带动尾座套筒伸出，伸出时的预紧力大小通过压力表13显示。反之，当5Y通电时，换向阀5右位工作，系统压力油经减压阀8、换向阀5、单向调速阀11到液压缸右腔，液压缸左腔的油液经换向阀5流回油箱，尾座套筒缩回。

三、液压系统的保养要求

1. 选择适合的液压油

液压油在液压系统中起着传递压力、润滑、冷却、密封的作用，液压油选择不恰当是液压系统早期故障和耐久性下降的主要原因。应按随机《使用说明书》中规定的牌号选择液压油，特殊情况需要使用代用油时，应力求其性能与原牌号液压油性能相同。不同牌号的液压油不能混合使用，以防液压油产生化学反应，性能发生变化。深褐色、乳白色、有异味的液压油是变质油，不能使用。

2. 防止固体杂质混入液压系统

液压系统中有许多精密偶件，有的有阻尼小孔、有的有缝隙等。若固体杂质入侵，则将造成精密偶件拉伤、发卡、油道堵塞等，危及液压系统的运行安全。一般固体杂质入侵液压系统的途径：液压油不洁；加油工具不洁；加油和维修、保养不慎；液压元件脱屑等。

3. 液压系统的清洗

清洗油必须使用与系统所用牌号相同的液压油，油温在45～80℃之间，用大流量清洗油尽可能将系统中杂质带走。液压系统要反复清洗三次以上，每次清洗完后，趁油热时将其全部放净。液压系统清洗完毕再清洗滤清器，更换新滤芯后加注新的液压油。

4. 防止空气侵入液压系统

在常压、常温下液压油中含有容积比为6%～8%的空气，当压力降低时，空气会从液压油中游离出来，气泡破裂使液压元件"气蚀"，产生噪声。大量的空气进入液压油中会加剧"气蚀"现象，液压油压缩性增大，导致液压系统工作不稳定、工作效率降低，执行元件出现爬行等不良后果。另外，空气还会使液压油氧化，加速油的变质。

5. 防止水侵入液压系统

液压油中含有过量水分，会使液压元件锈蚀、油液乳化变质、润滑油膜强度降低，加速机械磨损。除了维修保养时要防止水分侵入外，还要注意储油桶不用时要拧紧盖子，最好倒置；含水量大的油要经多次过滤，每过滤一次要更换一次烘干滤纸，在没有专用仪器检测时，可将油滴到烧热的铁板上，没有蒸汽冒出并立即燃烧方能加注。

四、数控车床液压系统常见故障

数控车床液压设备集机械、液压、电气及仪表等于一体，分析系统的故障之前必须弄清楚整个液压系统的传动原理、结构特点，然后根据故障现象进行分析、判断，确定区域、部位，甚至某个元件。造成故障的主要原因一般有三种情况：设计不完善或不合理；操作安装有误，使零件、部件运转不正常；使用、维护、保养不当。前一种故障必须充分分析研究后进行改装、完善，后两种故障可以用修理及调整的方法解决。

一般液压系统常见故障有以下几种。

①接头连接处泄漏。

②运动速度不稳定。

③阀芯卡死或运动不灵活，造成执行机构动作失灵。

④阻尼小孔被堵，造成系统压力不稳定或压力调不上去。

⑤阀类元件漏装弹簧或密封件，或管道接错而使动作混乱。

⑥设计、选择不当，使系统发热或动作不协调，位置精度达不到要求。

⑦液压件加工质量差或安装质量差，造成阀类动作不灵活。

⑧长期工作，密封件老化，以及易损元件磨损等，造成系统中内外泄漏量增加，系统效率明显下降。

【实践活动】

任务一　卧式数控车床精度检验

一、任务目标

①掌握卧式数控车床几何精度检验、加工精度检验常用的工具及其使用方法。

②根据《简式数控卧式车床精度检验》规定，会合理选择量具、检具，采用正确、规范的检验方法和步骤，对卧式数控车床进行主要几何精度检验。

二、任务要求

①会合理选择量具、检具。

②完成卧式数控车床主要几何精度检验。

三、准备材料

①阅读教材、参考资料，查阅网络资料。

②实验仪器与设备：数控系统综合实验台、主轴检验芯棒、主轴长检验棒、尾座检验棒、平盘、主轴顶尖、尾座顶尖、精密水平仪、磁性表座、百分表、内六角扳手、活络扳手、棉布等。

四、实施步骤

进行卧式数控车床主要几何精度检验。

3

1. 检验导轨在垂直平面内的平行度

检验方法：如图 3 – 38 所示，水平仪沿 X 轴放在溜板上，在导轨上分段移动溜板，记录水平仪读数，其读数最大值即为床身导轨的平行度误差。

工具、检具：框式水平仪。

2. 检验主轴定心轴颈的径向跳动

检验方法：如图 3 – 39 所示，把百分表安装在卧式数控车床固定部件上，使百分表测头垂直主轴定心轴颈并触及主轴定心轴颈，旋转主轴，百分表读数最大差值即为主轴定心轴颈的径向跳动误差。

工具、检具：磁性表座、百分表。

检验导轨在垂直平面内的平行度

检验主轴定心轴颈的径向跳动

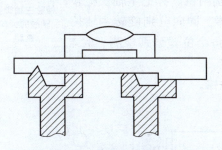

图 3 – 38　导轨在垂直平面（YZ 平面）内的平行度

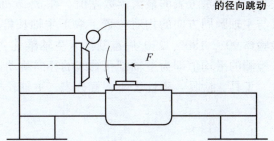

图 3 – 39　主轴定心轴颈的径向跳动

3. 检验主轴顶尖的跳动

检验方法：如图 3 – 40 所示，将专用顶尖插在主轴锥孔内，把百分表安装在卧式数控车床固定部件上，使百分表测头垂直触及被测表面，旋转主轴，记录百分表的最大读数差值。

工具、检具：磁性表座、百分表、主轴顶尖。

4. 检验尾座移动对溜板移动的平行度

检验方法：如图 3 – 41 所示，将尾座套筒伸出后，按正常工作状态锁紧，同时使尾座尽可能地靠近溜板，按此法使溜板和尾座全行程移动，沿行程在每隔 300 mm 处记录百分表读数，百分表读数的最大差值即为平行度误差。

工具、检具：磁性表座、百分表。

检验主轴顶尖的跳动

检验尾座移动对溜板移动的平行度

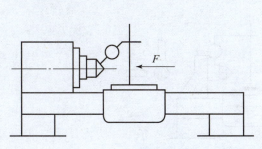

图 3 – 40　主轴顶尖的跳动

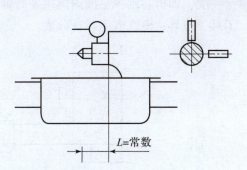

图 3 – 41　尾座移动对溜板移动的平行度

5. 检验主轴与尾座两顶尖的等高度

检验方法：如图 3-42 所示，将检验棒顶在主轴和尾座两顶尖上，把百分表安装在溜板（或刀架）上，使百分表测头在垂直平面内垂直触及被测表面（检验棒），然后移动溜板至行程两端，移动 Z 轴，记录百分表在行程两端的最大读数差值，即为主轴和尾座两顶尖的等高度。

工具、检具：磁性表座、百分表、前后顶尖、检验棒。

检验主轴与尾座两顶尖的等高度

6. 检验主轴锥孔轴线的径向跳动

检验方法：如图 3-43，将主轴长检验棒插在主轴锥孔内，把百分表安装在卧式数控车床固定部件上，使百分表测头垂直触及被测表面，旋转主轴，记录百分表的最大读数差值，在 a，b 处分别测量。标记主轴长检验棒与主轴圆周方向的相对位置，取下主轴长检验棒，同向分别旋转主轴长检验棒 90°，180°，270°后重新插入主轴锥孔，在每个位置分别检测。取 4次检测的平均值即为主轴锥孔轴线的径向跳动误差。

工具、检具：磁性表座、百分表、主轴长检验棒。

检验主轴锥孔轴线的径向跳动

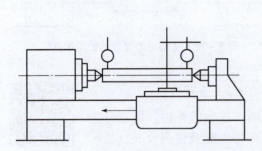

图 3-42　主轴与尾座两顶尖的等高度

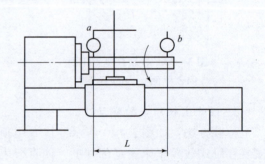

图 3-43　主轴锥孔轴线的径向跳动

7. 检验尾座套筒轴线对溜板移动的平行度

检验方法：如图 3-44 所示，将尾座套筒伸出有效长度后，按正常工作状态锁紧。百分表安装在溜板（或刀架上），使百分表测头在垂直平面内垂直触及被测表面（尾座筒套），移动溜板，记录百分表的最大读数差值及方向，即得在垂直平面内尾座套筒轴线对溜板移动的平行度误差；使百分表测头在水平平面内垂直触及被测表面（尾座套筒），按上述方法重复测量一次，即得在水平平面内尾座套筒轴线对溜板移动的平行度误差。

工具、检具：磁性表座、百分表。

检验尾座套筒轴线对溜板移动的平行度

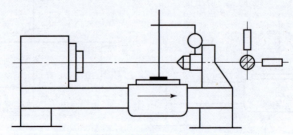

图 3-44　尾座套筒轴线对溜板移动的平行度

五、注意事项

①检验时，卧式数控车床的基座应已完全固化。

②检验时要尽量减小检验工具与检验方法的误差。

③应按照相关的国家标准，先接通卧式数控车床电源对卧式数控车床进行预热，并沿卧式数控车床各坐标轴往复运动数次，使主轴以中速运行数分钟后再进行检验。

④数控卧式数控车床几何精度一般比普通卧式数控车床高。普通卧式数控车床用的检具、量具，往往因自身精度低，满足不了检验要求，且所用检验工具的精度等级要比被测的几何精度高一级。

⑤几何精度检验必须在卧式数控车床精调后一次性完成，不得调一项检验一项，因为有些几何精度是相互联系、相互影响的。

六、任务评价

卧式数控车床精度检验评价表如表 3 – 7 所示。

表 3 – 7　卧式数控车床精度检验评价表

序号	评价内容	优秀	良好	一般
1	导轨在垂直平面（YZ 平面）内的平行度			
2	主轴定心轴颈的径向跳动			
3	主轴顶尖的跳动			
4	尾座移动对溜板移动的平行度			
5	主轴与尾座两顶尖的等高度			
6	主轴锥孔轴线的径向跳动			
7	尾座套筒轴线对溜板移动的平行度			
8	参与态度、动作技能			

任务二　数控车床主传动系统的装配

一、任务目标

①认识数控车床主传动系统的组成。

②掌握主传动系统的装配工艺。

③养成规范操作、认真细致、严谨求实的工作态度。

二、任务要求

①认识数控车床主传动系统。

②完成主传动系统的装配。

三、准备材料

①阅读教材、参考资料，查阅网络资料。

②实验仪器与设备：数控设备综合实验台、CKA6136数控车床、扳手、起子、刷子等。

四、实施步骤

进行数控车床主传动系统的装配。

①认识主轴箱，如图3-45所示，观察主传动系统的组成。

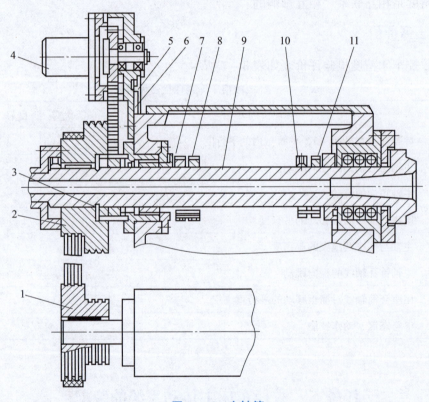

图3-45 主轴箱

1，2—带轮；3，7，11—螺母；4—脉冲发生器；5—螺钉；6—支架；8，10—锁紧螺母；9—主轴

②主轴的内径用来通过棒料、刀具夹紧装置固定刀具、传动气动或液压卡盘等。主轴材料选择主要根据刚度、载荷特点、耐磨性要求的热处理变形大小等因素确定。一般要求机床主轴选用45号，进行调质处理获得较好的综合机械性能，如图3-46所示。

③主电机安装在床头箱下方床腿的底板4上，传动带5的松紧调整由螺母1，2及螺杆3完成。

图3-46 主轴

a. 打开数控车床左端防护盖, 对传动带进行检查。b. 若传动带松动, 则将螺母 2 向下旋。c. 再将螺母 1 向下旋, 进行传动带松紧调节。d. 调节合适后, 将螺母 2 向上旋紧。主电机传动装置如图 3 –47 所示。

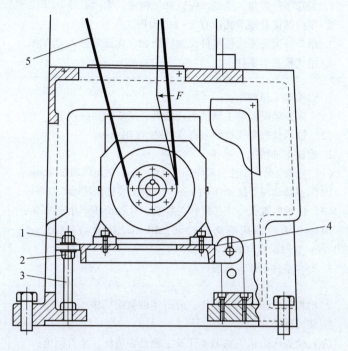

图 3 –47　主电机传动装置

1, 2—螺母；3—螺杆；4—底板；5—传动带

④手动变频床头箱主轴结构, 如图 3 –48 所示。

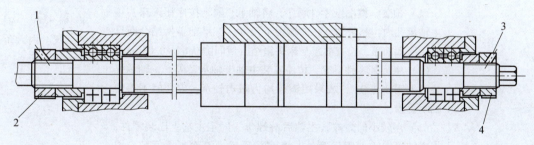

图 3 –48　手动变频床头箱主轴结构

1, 2—后端螺母；3, 4—前端螺母

CKA6136 数控车床主轴装配工艺如表 3 –8 所示。

表 3 –8　CKA6136 数控车床主轴装配工艺

工序名称	工作内容	工具、检具
·领料	根据明细目录领料, 清点数量	

续表

工序名称	工作内容	工具、检具
去毛、倒角、清洗	1. 去除零件尖角、毛刺，保证部位锈迹，无"扎手"部位。 2. 导向部位及轴承孔口有 2×20°倒角。 3. 用柴油清洗零件使零件无油污杂物，保证零件表面清洁。 4. 用气枪吹干零件	砂条、砂纸、锉刀、柴油、钢丝刷、毛刷
检验	1. 检验床头箱精度： （1）床头箱端面与主轴轴承孔的垂直度 0.01 mm； （2）轴承孔圆度 0.008 mm，同轴度 0.01 mm。 2. 检验主轴精度： （1）主轴各装配部位轴段同轴度 0.01 mm，轴肩跳动 0.01 mm； （2）主轴轴端面跳动 0.01 mm，卡盘安装锥面跳动 0.01 mm； （3）主轴内锥孔专用芯棒作色检查，接触面积不小于 70%； （4）主轴内锥孔跳动距端面：10 mm 处跳动 0.005 mm，200 mm 处跳动 0.008 mm。 3. 不合格件返修或报废	V 形铁、等高块、百分表、磁性表座、内径表、主轴检验芯棒、高度尺
安装	1. 根据部件图，清点零件，分析零件装配顺序。 2. 装配前检查： （1）检查床头箱主轴轴承孔及主轴是否清洁，是否倒角； （2）检查主轴前后轴承（成对安装角接触轴承）排列方向是否与图纸一致，轴承外圆记号是否对齐； （3）检查轴承间内外圈隔套是否配磨等高。 3. 装配： （1）预装：按图纸零件顺序，将轴承、隔套按序压入床头箱主轴承孔内，测量轴承孔前端留下尺寸，配磨前盖两结合面尺寸，压入前盖，检查前盖与床头箱结合留间隙 0.02～0.03 mm； （2）将预装零件拆除，按序安装主轴上轴承及隔套，轴承安装可采用"热装"，或采用铜棒均力敲击轴承，安装时不得使轴承受损； （3）用较小的力拧紧主轴后端螺母，固定主轴上已装零件，将主轴组件插入床头箱，先将前盖压紧，消除预留间隙，用 0.02 mm 塞尺检查，前盖压紧螺钉使用扭矩扳手顺序拧紧； （4）拧紧主轴后端螺母，预紧轴承，边拧边转动主轴，保证主轴转动灵活、自如，使用扭矩扳手拧紧	游标卡尺、铜棒、塞尺、内六角扳手、扭矩扳手
检查装配精度	根据说明书中主轴精度要求检验主轴静态精度	百分表、磁性表座、主轴检验芯棒
安装其他零件	注意编码器带轮与主轴带轮平行，同步带张紧力适当，编码器转动灵活	

五、注意事项

①注意人身及设备的安全。关闭电源后，方可观察数控车床内部结构。
②未经指导教师许可，不得擅自随意操作。
③注意使用适当的工具，在正确的部位加力。
④操作与保养数控车床要按规定时间完成，符合基本操作规范，并注意安全。
⑤实验完毕后，注意清理现场，清洁并及时润滑数控车床。

六、任务评价

数控车床主传动系统的基础维护与保养评价表如表3-9所示。

表3-9 数控车床主传动系统的基础维护与保养评价表

序号	评价内容	优秀	良好	一般
1	去毛、倒角、清洗			
2	检验床头箱精度、主轴精度			
3	根据部件图，准确进行装配			
4	检查装配精度			
5	安装其他零件			

任务三 数控车床数控系统数据备份与恢复

一、任务目标

①掌握西门子数控系统数据备份与恢复的操作方法。
②养成规范操作、认真细致、严谨求实的工作态度。

二、任务要求

①完成数控系统数据备份。
②完成数控系统数据恢复。

三、准备材料

①阅读教材、参考资料，查阅网络资料。
②实验仪器与设备：数控设备综合实验台、U盘或CF卡等。

四、实施步骤

1. 数据备份

①插入U盘，如图3-49所示。创建批量调试文件前，请确认拓扑比较等级已改为"中级"，否则在批量调试时会出现驱动报警。

②分别选择数控数据、PLC 数据、驱动数据的批量调试文件，备份到 U 盘，如图 3 - 50 所示。

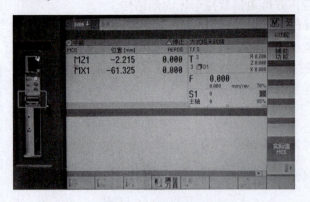

图 3 - 49　插入 U 盘

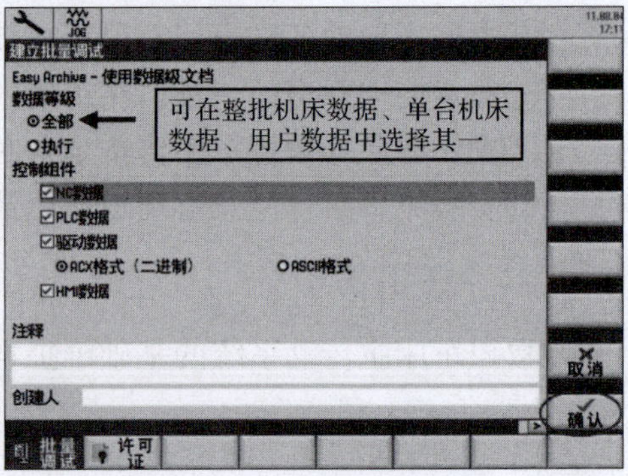

图 3 - 50　选择备份数据

③单独以文本格式复制所编制的加工程序，备份到 U 盘，如图 3 - 51 所示。

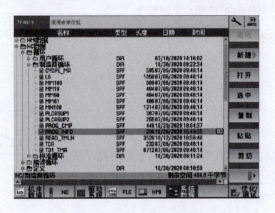

图 3 - 51　备份加工程序

2. 数据恢复

①插入 U 盘，如图 3 - 52 所示。数据恢复前，请确认具有"用户"或以上存取级别。

②选择读取恢复数据的批量调试文件。如果当前存取级别为"制造商"，则还会出现读取内容的选择界面，如图 3 - 53 所示。

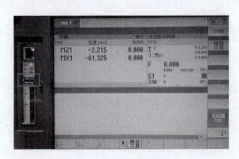

图 3 - 52　插入 U 盘

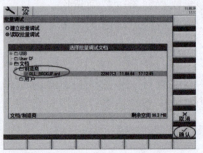

图 3 - 53　选择恢复数据

五、注意事项

读取批量调试文件后，需要调整一系列数据，具体调整数据如下。
①如果是绝对值编码器，则需要重新设置参考点位置。
②调整软限位 MD36100 和 MD36110。
③调整刀库换刀点位置，见制造商循环中的"L6. mpf"换刀子程序。
④测试反向间隙，调整 MD32450。
⑤激光干涉仪测试，进行丝杠螺距误差补偿。

六、任务评价

数控车床数控系统数据备份与恢复评价如表 3 – 10 所示。

表 3 – 10　数控车床数控系统数据备份与恢复评价表

序号	评价内容	优秀	良好	一般
1	操作规范			
2	数据备份			
3	数据恢复			
4	参与态度、动作技能			

任务四　刀架换刀的电气控制电路常见故障处理

一、任务目标

①会分析刀架换刀的电气控制电路故障。
②会正确使用万用表进行故障诊断。
③养成规范操作、认真细致、严谨求实的工作态度。

刀架换刀的
电气控制电路
常见故障处理

二、任务要求

①完成刀架换刀的电气控制电路故障分析。
②完成刀架换刀的故障处理。

三、准备材料

①阅读教材、参考资料，查阅网络资料。
②观察机床电路，指出电路符号代表的元器件。
③观察机床正常工作时刀架换刀的现象。

四、实施步骤

1. 控制电路故障检查与排除

①找出 KM3 线圈所在电路，检测 KA5 的常开触点是否处于闭合状态，检查 KM4 的辅助常闭触点是否处于闭合状态，是否有接头松动现象，如图 3−54 所示。

②找出 KM4 线圈所在电路，检测 KA6 的常开触点是否处于闭合状态，检查 KM3 的辅助常闭触点是否处于闭合状态，是否有接头松动现象，如图 3−54 所示。

③关闭电源，如果是接头松动，则可将接头拧紧；如果是连接导线断开，则须更换该段导线。

2. 主电路的故障检查与排除

①用万用表的 AC 500 V 挡检测电源的输出电压。如果无 380 V，则为电源故障；如果有 380 V 电压，则为连接导线问题或接头问题，如图 3−55 所示。

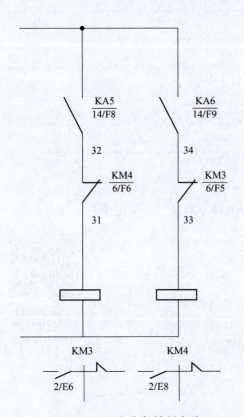

图 3−54　刀架电气控制电路

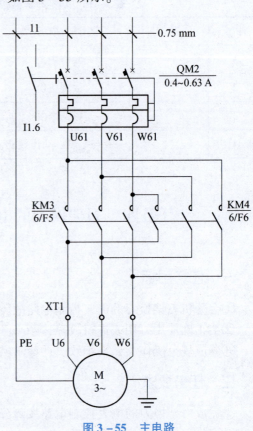

图 3−55　主电路

②用万用表的 AC 500 V 挡检测电源的输出端与 KM3，KM4 的对应输入端之间的电压。如果无电压，则说明导线完好，应是接头问题；如果有电压，则说明导线已断开，如图 3−55 所示。

③关闭电源，将松动或脱落的接头拧紧，更换断开的导线。

五、注意事项

①注意人身及设备的安全。关闭电源后，方可观察机床内部结构。
②未经指导教师许可，不得擅自随意操作。
③按规定时间完成任务，符合基本操作规范，并注意安全。
④实验完毕后，注意清理现场。

六、任务评价

刀架换刀的电气控制电路常见故障处理评价如表 3 – 11 所示。

表 3 – 11　刀架换刀的电气控制电路常见故障处理评价表

序号	评价内容	优秀	良好	一般
1	故障分析			
2	操作规范			
3	故障排除			
4	参与态度、动作技能			

【匠心故事】

"全国技术能手"王树军：专注于一点，努力做到更好

一、潍柴子弟，梦想成为潍柴工人

小时候，王树军就对厂里的机器设备很感兴趣，学校组织进厂参观时王树军就特别喜欢接触设备，看到一个个毛坯经过加工后变成闪闪发光的成品零件，就感到特别神奇。"那时经常看到拉柴油机的货车排成长龙，成为一名潍柴工人就是我小时候的梦想。"王树军回忆。

1993 年王树军潍柴技校毕业后，来到了加工二车间干维修工作。王树军跟着师傅学习，渐渐明白了什么叫责任，明白了"干就负责、做就到位"这句话的意义。他去学、去看书，请教老师傅学技巧，反复训练提升技能。王树军深知要想成为技术大拿的不易，必须要有坚定的信念、肯吃苦。于是他暗暗给自己定下了一个规矩，做到"三多一少"：多看、多思、多干、少说。多看，就是要做有心人，多观察、多学习；多思，就是遇事要多琢磨；多干，就是要肯吃苦、多动手；少说，就是要能沉下心来、不浮躁。

二、技术大拿，拥有两项高超技能

从 1998 年开始，潍柴步入创新发展与高质量发展之路，王树军在潍柴收获最大的就是心无旁骛攻主业的精神。"专注于一点，努力做到更好"，工作 28 年来，这句话已经牢牢印在了王树军的心里，他时时刻刻用这句话要求自己。王树军一心扎根基层，专心致志与设备打交道，他用实际行动和实实在在的成绩逐渐成长为潍柴乃至国内发动机行业中设备检修技术的集大成者，是潍柴工匠精神的典型代表。

王树军作为潍柴高精尖设备维修保养的探路人和领军人，也是潍柴装备智能升级、智慧转型的引领者和推动者，王树军拥有两项高超技能：一是擅长自动化设备的定制化设计及自主研发制造；二是精通各类加工中心和精密机床的维修。

一号工厂是潍柴重要的高端发动机制造基地，拥有许多世界一流的加工设备。随着使用时间的不断增加，某国外品牌加工中心光栅尺故障频发。光栅尺是数控机床最精密的部件，相当于人的神经，一旦损坏只能更换。采购备件不仅需要巨额费用，还严重影响生产节拍。"我怀疑这批设备有设计缺陷，导致了光栅尺损坏。"王树军的质疑惊呆众人。世界先进的设备怎么可能会有设计缺陷，而且还是被一名基层工人提出来的。王树军不顾众人质疑，利用一周的时间找到了这批加工中心设备的设计缺陷，并通过周密计算，重新设计方案，成功攻克了加工中心光栅尺气密保护设计缺陷难题，填补了国内空白，成为中国工人勇于挑战进口设备行业难题的经典案例。

在高端设备维修领域，王树军一路"过关斩将"，屡屡打破国外技术垄断：根据非对称铸造件内应力缓释原理，加装夹紧力自平衡机构，解决某进口加工中心废品率高的问题；独创"机械传动微调感触法"和"垂直投影逆向复原法"，为千分之一精度的进口加工中心和龙门五轴加工中心排除故障……

2013年，潍柴专门为王树军成立了创新工作室，依托这一平台，近几年来，他带领团队实施各类创新230多项，累计创造经济效益2.62亿元，这些项目也多次获潍柴集团科技创新大会工人创新特等奖及一等奖。王树军用实力和成绩彰显了新时代潍柴"匠人"的风采。

三、工匠师傅，毫无保留传承匠艺

王树军不仅技艺过人，他还将自己多年修炼的本领毫无保留地传授给他人。他走出潍柴，言传身教，在社会大力弘扬工匠精神的背景下，山东管理学院、齐鲁工匠研究院聘请他为实践导师，潍坊科技学院、潍柴大学聘请他为客座教授，并为他建立了工作室，定期为学生授课，每年培训学生2 000多人次，影响并带动了大批青年人。

他将自己总结的经验和方法倾囊相授，联合5名高级技师成立了创新工作分站，并通过首席技师大讲堂和潍柴网上学习平台与潍柴全球各子公司进行技术交流和技术培训，每年授课达240课时，培养的学员都成为装备管理的骨干。除了开展以技师讲堂为主的教授立体式培训以外，他在车间还建立了技术成果交流推广机制，每月开展两次以典型故障、维修案例为题材的头脑风暴活动。他带的徒弟中，7人获得技师资格证书，5人获高级技师资格证书。2018年，王树军的两个徒弟分别获得全国机器人大赛、自动化控制大赛二等奖。

王树军工作28年来，凭借优异的成绩，先后荣获"全国劳动模范""国务院特殊津贴""全国技术能手""全国五一劳动奖章""2018大国工匠年度人物""全国最美职工""全国质量奖个人奖""泰山产业领军人才"、山东省第七届"全省道德模范""齐鲁大工匠""齐鲁首席技师""富民兴鲁劳动奖章""全国技术能手"等荣誉称号。

如今，王树军已经成为潍柴高技能人才的一面旗帜，他的这些荣誉，是现在众多潍柴年轻人奋斗的目标，如图3-56所示。"对我们实体经济领域的年轻人，我最想说的就是珍惜自己的岗位，正视自己的工作，不要好高骛远、脚踏实地、持之以恒、创新工作才是王道。"对于年轻人，对于未来，王树军充满希冀。

图 3-56 王树军

【归纳拓展】

一、归纳总结

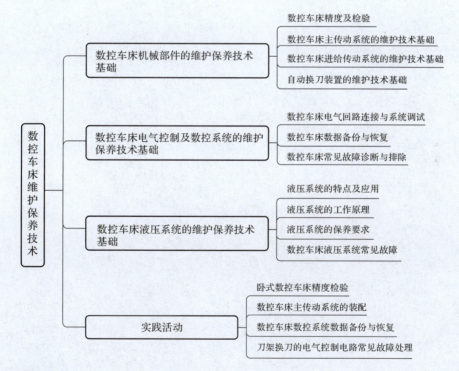

二、拓展练习

1. 现代数控车床的主传动方式有哪些？
2. 数控车床对进给传动系统有哪些要求？
3. 滚珠丝杠螺母副在数控车床上的支承方式有哪些？
4. 齿轮传动间隙的消除有哪些措施？各有何特点？

5. 数控车床刀架换刀的电气控制电路常见故障有哪些？引起故障的原因是什么？如何处理？

6. 数控车床电气控制电路常见故障检查过程中应该注意哪些问题？

7. 数控车床液压系统的日常维护要注意哪些方面？

8. 数控车床液压系统由哪些液压基本回路组成？

1. 了解数控铣床主传动系统的维护技术基础。
2. 了解数控铣床进给传动系统的维护技术基础。
3. 掌握数控铣床电气回路连接及系统调试。
4. 能够进行数控铣床数据备份与恢复。
5. 能够进行数控铣床常见故障诊断与排除。
6. 能够养成规范操作的职业习惯。

【情境描述】

以 XK–L850 数控铣床为例，完成数控铣床运行状态检查，对数控铣床进行维护与保养，排除数控铣床常见故障，并选用合适的工具进行检修，完成对数控铣床的精度检验并进行调整。

【相关知识】

知识点1　数控铣床机械部件的维护保养技术基础

数控铣床是采用铣削方式加工工件的数控机床。其加工功能很强，能够铣削各种平面轮廓和立体轮廓零件，如凸轮、模具、叶片、螺旋桨等。配上相应的刀具后，数控铣床还可用来对零件进行钻、扩、铰、镗孔加工及攻螺纹等。数控铣床机械结构主要包括主轴和进给轴。主轴的传动方式称为主传动，进给轴的传动方式称为进给传动。主传动一般采用变频控制与伺服控制；进给传动采用伺服控制，低端的机床也有采用步进电机及其驱动控制的。数控铣床机械结构还包含润滑、冷却、排屑等辅助功能。数控铣床按主轴布局方式可以分为立式数控铣床与卧式数控铣床，立式数控铣床如图 4–1 所示，卧式数控铣床如图 4–2 所示。

一、数控铣床主传动系统的维护技术基础

数控铣床一般由数控系统、主传动系统、进给传动系统、冷却润滑系统等几大部分组成。数控铣床的主传动系统一般采用直流或交流主轴电机，通过带传动和主轴箱的变速齿轮带动主轴旋转。数控铣床在切削时可以根据不同的切削材料和切削方式选择低速切削和高速切削。低速切削时所需转矩大，而高速切削时所消耗的功率大。

图 4-1　立式数控铣床

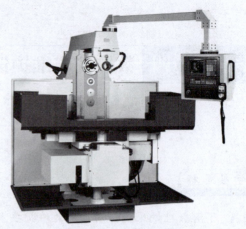

图 4-2　卧式数控铣床

与普通机床相比，数控铣床机械结构有许多特点，在主传动系统方面，具有下列特点。

①目前，数控铣床的主传动电机已不再采用普通的交流异步电机或传统的直流调速电机，逐步替换为新型的交流调速电机和直流调速电机。

②转速高，功率大。它能使数控铣床进行大功率切削和高速切削，实现高效率加工。

③调速范围大。数控铣床的主传动系统要求有较大的调速范围，一般 $R_n > 100$ r/min，以保证加工时能选用合理的切削用量，从而获得最佳的生产效率、加工精度和表面质量。

④主轴速度的变换迅速、可靠。数控铣床的变速是按照控制指令自动进行的，因此变速机构必须适应自动操作的要求。由于直流和交流主轴电机的变速系统日趋完善，不仅能够方便地实现大范围的无级变速，而且减少了中间传递环节，提高了变速控制的可靠性。

数控铣床的主传动系统主要包括主轴部件、传动系统和主轴电机等。

（一）主轴部件

1. 主轴单元式结构

数控铣床大多采用主轴单元式结构，如图 4-3 所示。主轴单元式结构在装配时将主轴前后轴承在恒温环境下进行配磨，配磨好后装入一个圆套筒内，然后在总装时以一个完整的单元装入机床主轴箱内，这样不仅保证了机床主轴组件的装配精度，而且又易于安装和维修调整。

图 4-3　主轴单元式结构

对于数控铣床来说，主轴箱结构比较复杂，主轴箱可沿立柱上的垂直导轨做上下移动，主轴可在主轴箱内做轴向进给运动。除此以外，大型落地铣镗床的主轴箱结构还有携带主轴部件做前后进给运动的功能，它的进给方向与主轴的轴向进给方向相同。此类机床的主轴箱结构通常有两种方案，即滑枕式和主轴箱移动式。

（1）滑枕式

滑枕式有圆形滑枕、方形或矩形滑枕，以及菱形或八角形滑枕几种形式。滑枕内装有铣轴和镗轴，除镗轴可实现轴向进给外，滑枕自身也可做沿镗轴轴线方向的进给，且两者可以叠加。滑枕进给传动的齿轮和电机是与滑枕分离的，通过花键轴或其他系统将运动传给滑枕以实现进给运动。

（2）主轴箱移动式

这种结构又有两种形式，一种是主轴箱移动式，另一种是滑枕主轴箱移动式。

1）主轴箱移动式

主轴箱内装有铣轴和镗轴，镗轴实现轴向进给，主轴箱箱体在滑板上可做沿镗轴轴线方向的进给。箱体作为移动体，其断面尺寸远比同规格滑枕式铣镗床大得多。这种主轴箱端面可以安装各种大型附件，使其工艺适应性增加，扩大了功能；缺点是接近工件性能差，箱体移动时对平衡补偿系统的要求高，主轴箱热变形后产生的主轴中心偏移大。

2）滑枕主轴箱移动式

这种形式的铣镗床，其本质仍属于主轴箱移动式，只是把大断面的主轴箱移动体做成同等主轴直径的滑枕式。这种主轴箱结构，铣轴和镗轴及其传动和进给驱动机构都装在滑枕内，镗轴实现轴向进给，滑枕在主轴箱内做沿镗轴轴线方向的进给。滑枕断面尺寸比同规格主轴箱移动式的主轴箱小，但比滑枕式的主轴箱大，其断面尺寸足以安装各种附件。这种结构形式不仅具有主轴箱移动式的传动链短、输出功率大及制造方便等优点，同时还具有滑枕式的接近工件方便、灵活的优点。滑枕主轴箱移动式克服了主轴箱移动式具有危险断面和主轴中心受热变形后位移大等缺点。

2. 主轴轴承

（1）主轴轴承的选择

鉴于高速数控铣床大负荷、高转速和高精密的要求，普通的主轴双联轴承结构已满足不了要求。常见的数控铣床大多采用角接触轴承的组合设计，因为角接触轴承可以同时承受径向和一个方向的轴向载荷，所以允许的极限转速较高。

（2）主轴轴承的预紧

主轴轴承必须能够调整内部间隙。多数轴承应在过盈状态下工作，使滚动体与滚道之间有一定的预变形，这就是轴承的预紧。轴承预紧后，内部无游隙，滚动体从各个方向支承主轴，有利于提高主轴的运转精度。滚动体的直径不可能绝对相等，滚道也不可能是绝对的正圆，因而轴承预紧前只有部分滚动体与滚道接触。轴承预紧后，滚动体和滚道都有了一定的变形，参与工作的滚动体将更多，各滚动体的受力将更为均匀，这些都有利于提高轴承的精度、刚度、抗震性和寿命。

用普通螺母作主轴轴承轴向限位，通常难以保证螺母端面与轴心线有较高的垂直度，如图4-4（a）所示，螺母锁紧后易使轴承偏斜，甚至有可能使轴弯曲，如图4-4（b）所示，这都将影响轴的旋转精度。

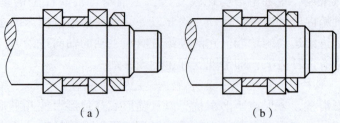

（a）　　　　　　　　　（b）

图 4 - 4　普通螺母锁紧时螺纹偏斜对轴承的影响

（3）主轴轴承的密封和润滑

由于高速机床主轴转速较高，转速达 5 000 r/min 以上的脂润滑已很难达到要求，而稀油润滑在高速运动中，润滑油的多少明显影响主轴运行的平稳性，因此目前多数采用集中定量、定时油雾或滴油润滑方式。高速加工为了提高主轴轴承的寿命和确保轴承的旋转精度，必须采取严格的密封措施，然而密封效果较好的接触式密封又势必影响主轴转速的提高，因此目前通用的主轴吹气、迷宫密封等非接触式密封方式，用于要求不高的间隙密封，但必须准确控制密封间隙的大小，一般在 0.02 ~ 0.04 mm 之间。

3. 主轴拉杆自动装刀系统

在高速数控铣床中刀具安装采用自动装刀系统。自动装刀系统是由预紧弹簧控制轴向拉力，再由气压、液压或机械螺杆等执行机构实现松刀和夹刀动作的拉杆机构。自动装刀系统的执行机构包含随动单元和固定单元。随动单元在主轴运转时与主轴同时旋转，固定单元不随主轴旋转。随动单元结构比较紧凑、复杂程度高，固定单元结构简单、成本低，但占用空间较大。另外，为了提高刀具重复安装精度，减少刀具锥柄和主轴锥孔非正常接合，在自动装刀系统中设置主轴准停机构和用于清洁刀具锥柄、主轴锥面的吹气或喷液的机构。

在活塞拉动拉杆、松开刀柄的过程中，压缩空气由喷气头经过活塞中心孔和拉杆中的孔吹出，将锥孔清理干净，以防主轴锥孔中掉入切屑和灰尘，把主轴锥孔表面和刀杆的锥面划伤，同时保证刀具的正确位置。因此，主轴锥孔的清洁十分重要。

（二）主轴部件常见故障及其处理方法

主轴部件常见故障主要有三个方面，分别是加工精度达不到要求、切削振动大和主轴箱噪声大。主轴部件常见故障及其诊断排除方法如表 4 - 1 所示。

表 4 - 1　主轴部件常见故障及其诊断排除方法

序号	故障现象	故障原因	排除方法
1	加工精度达不到要求	机床在运输过程中受到冲击	检查对机床精度有影响的各部位，特别是导轨副，并按出厂精度要求重新调整或修复
		安装不牢固、安装精度低或有变化	重新安装、调平、紧固

续表

序号	故障现象	故障原因	排除方法
2	切削振动大	主轴箱和床身连接螺钉松动	恢复精度后紧固连接螺钉
		轴承预紧力不够，游隙过大	重新调整轴承游隙，但预紧力不宜过大，以免损坏轴承
		轴承预紧螺母松动，使主轴窜动	紧固螺母，确保主轴精度合格
		轴承拉毛或损坏	更换轴承
		主轴与箱体超差	修理主轴或箱体，使其配合精度、位置精度达到要求
		其他因素	检查刀具或切削工艺问题
		如果是车床，则可能是转塔刀架运动部位松动或压力不够而未卡紧	调整、修理
3	主轴箱噪声大	主轴部件动平衡不好	重做动平衡
		齿轮啮合间隙不均匀或严重损伤	调整间隙或更换齿轮
		轴承损坏或传动轴弯曲	修复或更换轴承，校直传动轴
		传动带长度不一或过松	调整或更换传动带，不能新旧混用
		齿轮精度差	更换齿轮
		润滑不良	调整润滑油量，保持主轴箱的清洁度

二、数控铣床进给传动系统的维护技术基础

数控铣床的进给运动采用无级变速的伺服驱动方式，伺服电机经过进给传动系统将动力传给工作台等运动执行部件。通常进给传动系统由1~2级齿轮或带轮传动副和滚珠丝杠螺母副或齿轮齿条副或蜗杆蜗条副组成。进给传动系统的齿轮或带轮传动副的作用主要是通过降速来匹配进给传动系统的惯量和获得所需的输出机械特性，对开环系统，还起到匹配控制系统所需脉冲当量的作用。近年来，由于伺服电机及其控制单元性能的提高，许多数控铣床的进给传动系统去掉了降速齿轮副，直接将伺服电机与滚珠丝杠螺母副连接。滚珠丝杠螺母副的作用是将旋转运动转换为直线运动。数控铣床及其进给传动系统的基本结构如图4-5所示。

数控立式铣床与数控车床相比，在Z轴进给传动系统中添加了配重体，如图4-6所示。它的作用主要是减小电机和滚珠丝杠的负载，抑制电机和滚珠丝杠发热，从而保证加工精度，延长电机和滚珠丝杠的寿命。用配重体的质量来抵消主轴单元的质量，从而提高数控立式铣床的快移速度，降低滚珠丝杠的载荷和减小电机负载。但速度和加速度较大时，配重体的部分质量失重，平衡主轴单元质量的效果降低，应答特性差，不适合高速切削。

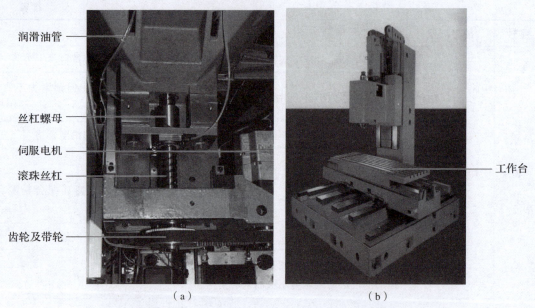

润滑油管
丝杠螺母
伺服电机
滚珠丝杠
齿轮及带轮
工作台

（a） （b）

图4-5 数控铣床及其进给传动系统的基本结构

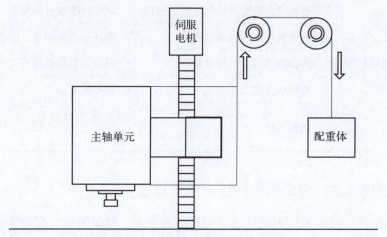

伺服电机

主轴单元

配重体

图4-6 数控立式铣床配重结构

在进给传动系统方面，具有下列特点。

①尽量采用低摩擦的传动副，如采用静压导轨、滚动导轨和滚珠丝杠等，以减小摩擦力。

②选用最佳的降速比，提高机床分辨率，使工作台尽可能大地加速，以达到跟踪指令、系统折算到驱动轴上惯量尽量小的要求。

③缩短传动链以及用预紧的方法提高传动系统的刚度。例如，采用大扭矩、宽调速的直流电机与滚珠丝杠直接相连，应用预加负载的滚动导轨和滚珠丝杠，滚珠丝杠支承设计成两端轴向固定并可预拉伸的结构等办法来提高进给传动系统的刚度。

④尽量消除传动间隙，减小反向死区误差，如采用消除间隙的联轴节（如用加锥销固定的联轴套、用键加顶丝紧固的联轴套以及用无扭转间隙的挠性联轴器等）、有消除间隙措施的传动副等。

知识点 2　数控铣床电气控制及数控系统的维护保养技术基础

机床电气控制就是对电机的控制。电机控制就是根据生产工艺要求，对机床电机进行启动、反接、调速、制动的电气控制，以实现生产过程自动化。要使电机能正常运转，就必须有正确、合理的控制电路。当电机连续不断运行时，有可能产生短路、过载等各种电气事故，因此对电气控制电路来说，其除了承担电机的供电和断电的重要任务外，还担负着保护电机的作用。

一、数控铣床电气回路连接及系统调试

本知识点主要以 XK – L850 数控铣床为例，介绍它的电气回路连接。XK – L850 数控铣床的主轴电机为三相异步电机，并且配置 FANUC 0i – MD 数控系统。三相异步电机的控制电路，一般可以分为主电路和辅助电路两部分。流过电气设备负荷电流的电路称为主电路。控制主电路通断或监视和保护主电路正常工作的电路，称为辅助电路，又称控制电路。主电路上流过的电流一般都比较大，而控制电路上流过的电流都比较小。这些运动状态改变最为明显的是电机转速的变化和旋转方向的改变。

（一）电气回路连接

1. 主电路

一个完整的电气电路应该包括主电路和控制电路。主电路在电路中起着非常重要的作用。现对图 4 – 7 所示的 XK – L850 数控铣床主电源电路工作原理进行分析。

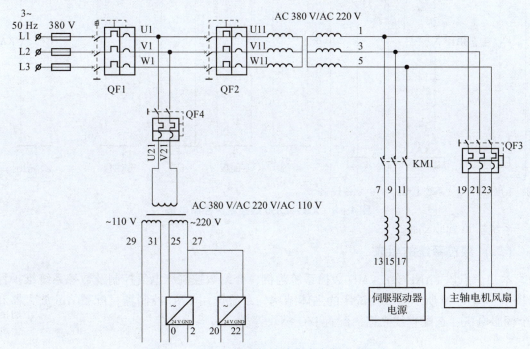

图 4 – 7　XK – L850 数控铣床主电路工作原理

外接电源由 AC 380 V/50 Hz 电源接入，经电源总开关 QF1 进行接通和断开。当开关 QF4 接通时，将 380 V 电源接入控制变压器，经控制变压器变压输出 AC 110 V 电源和 AC 220 V 电源。当开关电源输入 AC 220 V 时，经过整流电路整流出 DC 24 V 的电压，为控制电路提供直流电源。

当开关 QF2 接通时，将 AC 380 V 电源接入伺服变压器，经伺服变压器变压输出 AC 220 V 电源，分别供给伺服驱动器电源、主轴电机风扇。

2. 控制电路

控制电路主要包括伺服上电回路、系统上电回路、急停控制回路、系统回路、面板回路等，如图 4－8 所示。

（1）伺服上电回路

该回路由 110 V 电压供电，当 CX3 闭合时，接触器线圈 KM1 通电，伺服系统通电。

（2）系统上电回路

按下系统启动按钮 SB1，SB2，继电器 KA1 线圈通电，它的辅助常开触点 KA1 闭合，形成自锁，系统实现连续启动。

（3）急停控制回路

当按下"急停"按钮时，继电器 KA2 线圈断电，系统会发出急停报警。

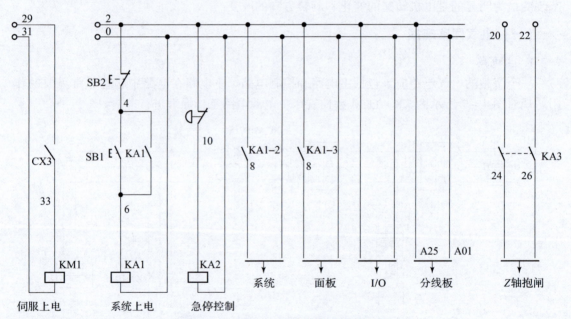

图 4－8　XK－L850 数控铣床控制电路

（二）数控系统的组成

本知识点以 FANUC 0i－MD 数控系统为例，介绍数控铣床电气控制及数控系统维护保养技术。图 4－9 所示为数控铣床的主体结构。系统选用 CNC 控制器，配置 αiS 放大器和 4 个伺服电机，选配直线光栅，配置 I/O 模块等。

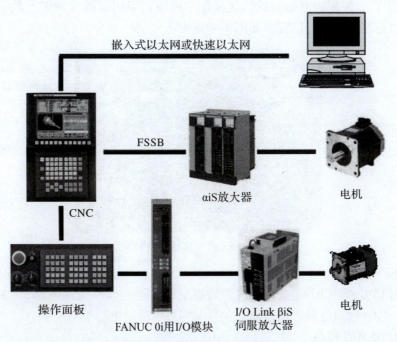

嵌入式以太网或快速以太网

FSSB

αiS放大器

电机

CNC

操作面板

FANUC 0i用I/O模块

I/O Link βiS
伺服放大器

电机

图 4 – 9　数控铣床的主体结构

FANUC 0i – MD 数控系统主要由以下部件组成。

1. CNC 控制器

FANUC 0i – MD 系列 CNC 控制器由主 CPU、存储器、数字伺服轴控制卡、主板、显示卡、内置 PMC、液晶显示器（LCD）、MDI 键盘等构成，主控制系统已经把显示卡集成在主板上。

（1）主 CPU

主 CPU 负责整个系统的运算、中断控制等，利用数字化信息对机械运动及加工过程进行控制。主 CPU 利用数字、文字和符号组成的指令来实现对一台或多台机械设备动作进行控制，通常它所控制的是位置、角度、速度等机械量和开关量。

（2）存储器

存储器包括快速可改写只读存储器（FROM）、静态随机存储器（static random access memory，SRAM）和动态随机存储器（dynamic random access memory，DRAM）。FROM 存放着 FANUC 公司的系统软件和机床应用软件，这些软件主要包括插补控制软件、数字伺服软件、PMC 控制软件、PMC 应用软件（梯形图）、网络通信控制软件、图形显示软件、加工程序等。

SRAM 存放着机床厂及用户的数据，这些数据主要包括系统参数、用户宏程序、PMC 参数、刀具补偿及工件坐标系补偿数据、螺距误差补偿数据等。

DRAM 作为工作存储器，在控制系统中起缓存作用。

（3）数字伺服轴控制卡

伺服控制中的全数字运算以及脉宽调制功能采用应用软件来完成，并打包装入 CNC 系统内（FROM），支撑伺服软件运行的硬件环境由数字信号处理器（digital signal processor，DSP）以及周边电路组成，这就是常说的数字伺服轴控制卡。数字伺服轴控制卡的主要作用是控制速度与位置，如图 4 - 10 所示。

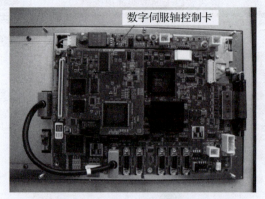

图 4 - 10　数字伺服轴控制卡

（4）主板

主板包括 CPU 外围电路、I/O Link、数字主轴电路、模拟主轴电路、RS - 232 - C 数据 I/O 电路、MDI 接口电路、高速输入信号、闪存卡接口电路等。

（5）LCD 与 MDI 键盘

数控系统通过显示装置为操作人员提供必要的信息。根据系统所处状态和操作命令的不同，显示的信息可以是正在编辑的程序、正在运行的程序、机床的加工状态、机床坐标轴的指令/实际坐标值、加工轨迹的图形仿真、故障报警信号等。

较简单的显示装置只有若干个数码管，只能显示字符，显示的信息也有限；较高级的系统一般配有 CRT 显示器或点阵式 LCD，一般能显示图形，显示的信息较为丰富。

常见的系统显示器有 8.4 in① 或 10.4 in 彩色 LCD，并可选用触摸屏显示器，LCD 背面安装有 CNC 控制器，如图 4 - 11 所示。

（a）　　　　　　　　　　　　　　　　（b）

图 4 - 11　系统显示器

（a）8.4 in 水平安装彩色 LCD；（b）10.4 in 垂直安装彩色 LCD

①　1 in = 25.4 mm。

数控铣床的类型和数控系统的种类很多,各机床厂设计的操作面板也不尽相同,但操作面板中各种旋钮、按钮和键盘的基本功能与使用方法基本相同。数控铣床的 MDI 键盘主要由工作方式选择键、机床操作键、计算机键盘以及功能软件组成。

2. 进给伺服放大器

FANUC 0i – MD 数控系统经 FANUC 串行总线(FANUC serial servo bus,FSSB)与伺服放大器相连。伺服电机使用 αiS/βiS 系列伺服放大器。FANUC 0i – MD 数控系统最多可接 7 个进给轴。αiS 系列伺服放大器如图 4 – 12 所示,βiS 一体型放大器如图 4 – 13 所示。

图 4 – 12 αiS 系列伺服放大器

图 4 – 13 βiS 一体型放大器

3. 伺服电机

伺服电机由放大器输出的驱动电流产生旋转磁场,驱动其转子旋转。FANUC 生产的伺服电机主要有两类,分别是 αi 系列伺服电机和 βi 系列伺服电机。αi 系列伺服电机属于高性能电机,βi 系列伺服电机属于经济型电机。由于两者在使用材料等方面有很大的不同,所以价格与性能上存在差异,特别是在加减速能力、高速与低速输出特性、调速范围等方面有较大的差别。αi 系列伺服电机的编码器有绝对式与增量式两种,因此在选择时需要综合考虑。伺服电机外观如图 4 – 14 所示。

（a）

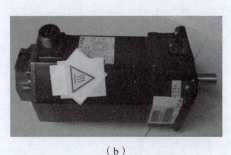

（b）

图 4 – 14 伺服电机外观

（a）αi 系列伺服电机;（b）βi 系列伺服电机

4. 主轴电机

主轴电机控制串行接口和模拟接口,FANUC 0i – MD 数控系统有多主轴电机控制功能,最多可以同时运行 3 个主轴电机。

为了提高主轴控制精度与可靠性，适应现代信息技术发展的需要，从 CNC 输出的控制指令也可以通过网络传输，在 CNC 与主轴驱动装置之间建立通信，一般使用 CNC 串行接口，又称串行主轴控制，它是独立于 CNC FSSB 的专用串行总线。

主轴驱动装置的控制信号通过串行总线传送到主轴驱动装置，主轴驱动装置的状态信息同样可通过串行总线传送到 PMC，因此，采用串行主轴后可以节省大量主轴驱动装置与 PMC 之间的连接线。

模拟接口主轴电机通过 CNC 内部附加的 D/A 转换器，自动将 S 指令转换为 -10 ～ +10 V 的模拟电压。CNC 输出的模拟电压可通过主轴速度控制单元实现主轴的闭环速度控制，在调速精度要求不高的场合，也可以使用通用变频器等简单的开环调速装置进行控制。主轴驱动装置总是严格保证速度给定输入与电机输出转速之间的对应关系。例如，当速度给定输入为 10 V 时，如果电机输出转速为 6 000 r/min，则当速度给定输入为 5 V 时，电机输出转速必然为 3 000 r/min。串行接口主轴电机如图 4 - 15 所示，模拟接口主轴电机如图 4 - 16 所示。

图 4 - 15　串行接口主轴电机　　　　　图 4 - 16　模拟接口主轴电机

5. FANUC 的 I/O 模块与 I/O Link 连接

（1）FANUC PMC 的构成

FANUC PMC 由内装 PMC 软件、接口电路、外围设备（接近开关、电磁阀、压力开关等）构成。连接主控系统与从属 I/O 接口设备的电缆为高速串行电缆，又称 I/O Link，它是 FANUC 专用 I/O 总线，如图 4 - 17 所示。另外，通过 I/O Link 可以连接 FANUC βiS 系列伺服驱动模块，作为 I/O Link 轴使用。

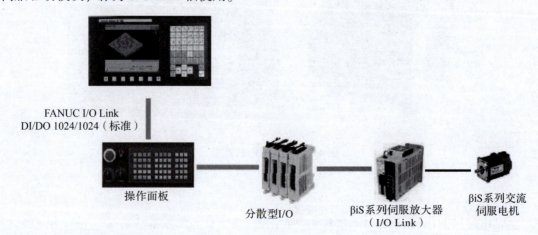

FANUC I/O Link
DI/DO 1024/1024（标准）

操作面板　　　分散型I/O　　　βiS 系列伺服放大器（I/O Link）　　　βiS系列交流伺服电机

图 4 - 17　典型 I/O Link 连接

（2）常用的 I/O 模块

在 FANUC 0i – MD 数控系统中 I/O 模块的种类很多，常用的 I/O 模块如表 4 – 2 所示。

表 4 – 2　常用的 I/O 模块

模块名	说明	手轮连接	信号点数 I/O
FANUC 0i – MD 数控系统用 I/O 模块	最常用的 I/O 模块 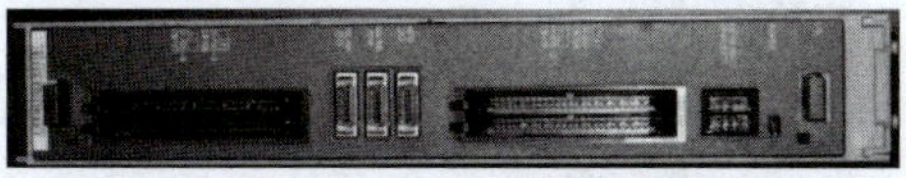 	有	96/64
机床操作面板模块	装在机床操作面板上带有矩阵开关和 LED 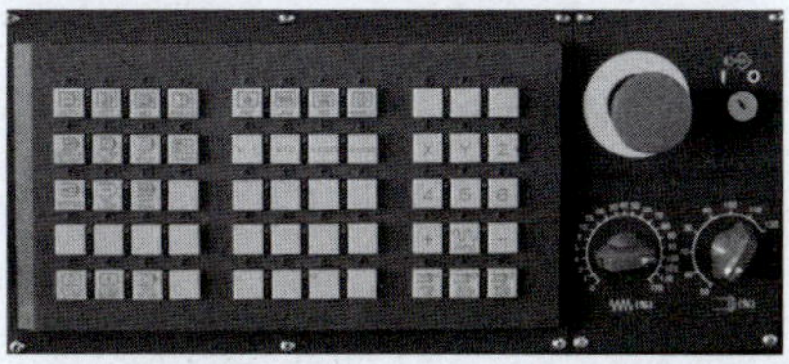 	有	96/64
操作盘 I/O 模块	带有机床操作盘接口的模块，FANUC 0i – MD 数控系统常见 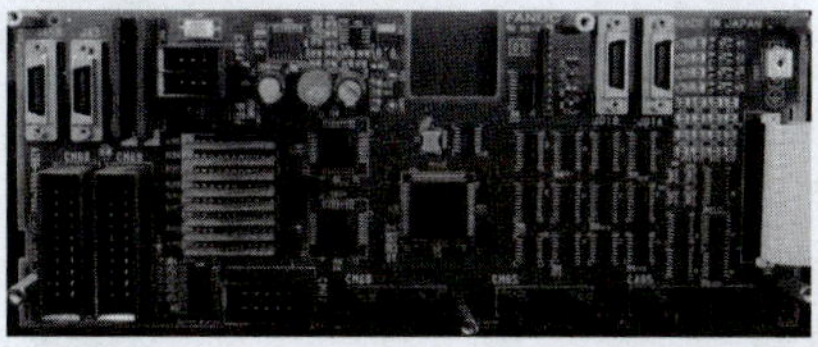 	有	48/32
分线盘 I/O 模块	一种分散型的 I/O 模块，能适应机床强电电路 I/O 信号的任意组合要求，由基本单元和最多三块扩展单元组成  	有	96/64
FANUC I/O UNIT A/B 模块	一种模块结构的 I/O 模块，能适应机床强电电路 I/O 信号的任意组合要求 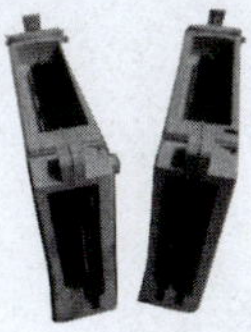 	无	最大 256/256

续表

模块名	说明	手轮连接	信号点数 I/O
I/O Link 轴 模块	使用 βi 系列 SVU（I/O Link），可以通过 PMC 外部信号来控制伺服电机进行定位	无	128/128

6. 数据 I/O 接口

数据 I/O 接口（以太网接口）用于主机和 CNC 控制器之间的以太网通信，个人计算机存储卡国际协会（Personal Computer Memory Card International Association，PCMCIA）卡接口可以连接 CF 卡和 PCMCIA 卡。利用 CF 卡可以进行数据备份和恢复，以及 CF 卡 DNC 加工。CNC 控制器配置了两个 RS－232－C 串行通信接口，接口代号分别为 JD36A 和 JD36B。利用 RS－232－C 串行通信接口可以实现 CNC 控制器与计算机之间的串行通信。图 4－18 所示为 RS－232－C 串行数据传输线，图 4－19 所示为 CF 卡。

图 4－18　RS－232－C 串行数据传输线　　　　图 4－19　CF 卡

（三）数控系统的硬件结构及各接口的作用

1. FANUC 0i－MD 数控系统控制面板接口连接

FANUC 0i－MD 数控系统控制面板背面，如图 4－20 所示。

①COP10A：FSSB 光缆一般接左边插口（若有两个接口），系统总是从 COP10A 连接到 COP10B。本系统从 COP10A 连接到第一轴驱动器的 COP10B，再从第一轴的 COP10A 连接到第二轴驱动器的 COP10B，依此类推。

②风扇电机、电池、MDI 键盘连接线在系统出厂时均已连接好，不用改动，但要检查在运输的过程中是否有松动的地方，如果有，则需要重新连接牢固，以免出现异常现象。

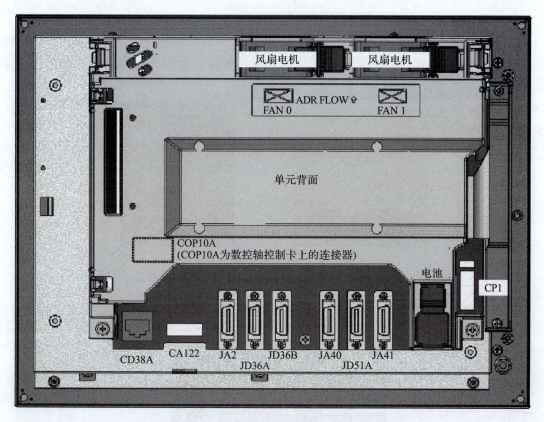

图 4 – 20   FANUC 0i – MD 数控系统背面

③CP1：电源接口，该电源接口有三个管脚，电源的正负不能接反，采用 DC 24 V 电源供电。

④JD36A：系统与计算机通信的连接口，共有两个，一般接左边一个，右边为备用接口，如果不与计算机连接，则不用接此线（推荐使用存储卡代替 RS – 232 – C 串行通信接口，传输速度及安全性都比串行通信接口优越）。

⑤JA40：模拟主轴的连接，主轴信号指令由 JA40 接口引出，控制主轴转速。

⑥串行主轴编码器接口 JA41：本装置使用伺服主轴，用于反馈主轴转速，以保证螺纹切削的准确性。

⑦数控系统接口 JD51A：本接口连接 I/O Link，以便 I/O 信号与数控系统交换数据。

注意：按照从 JD51A 到 JD1B 的顺序连接，即从数控系统的 JD51A 连接到 I/O Link 的 JD1B，下一个 I/O 设备也是从前一个 I/O Link 的 JD1A 连接到下一个 I/O Link 的 JD1B，如果不按顺序连接，则会出现通信错误而检测不到 I/O 设备的情况。

2. FANUC 伺服控制系统的连接

FANUC 伺服控制系统的连接，无论是 αi 系列还是 βi 系列的伺服控制系统，外围连接电路都具有很多类似的地方，大致分为光缆连接、控制电源连接、主电源连接、急停连接、MCC 连接、主轴指令信号连接（指串行主轴模拟主轴接在变频器中）、伺服电机动力电源连接、伺服电机反馈连接。以 αi 系列伺服驱动器为例来说明。

（1）光缆连接（FSSB）

FSSB 采用光缆连接，在硬件连接方面，遵循从 A 到 B 的规律，即 COP10A 为总线输出，COP10B 为总线输入。需要注意的是光缆在任何情况下都不能硬折，以免损坏，如图 4 – 21 所示。

图 4 – 21　光缆连接

（2）控制电源连接

控制电源采用 AC 220 V 电源，主要用于伺服控制系统的电源供电。在上电顺序中，推荐优先上电伺服控制，再上电系统，如图 4 – 22 所示。

CX1A：AC 220 V
控制电源输入

图 4 – 22　控制电源连接

（3）主电源连接

主电源主要用于伺服电机和主轴电机动力电源的变换。图 4 – 23 所示为 αi 系列伺服驱动器动力电源接口。

CZ1：三相AC 220 V
输入电源

图 4 – 23　αi 系列伺服驱动器动力电源接口

（4）急停与 MCC 连接

该部分主要用于对伺服主电源的控制与伺服放大器的保护，发生报警、急停等情况时能够切断伺服放大器主电源。图 4-24 所示分别是急停和 MCC 相对应的接口 CX4 和 CX3。

ESP：一般接急停继电器的常开触点

MCC：一般串接在伺服主电源接触器的线圈，常规采用 110 V

图 4-24　急停与 MCC 连接

（5）主轴指令信号连接

FANUC 的主轴控制采用两种类型，一种是模拟主轴，其控制对象是系统通过 JA40 接口输出 -10~+10 V 的电压给变频器，从而控制主轴电机的转速；另一种是串行主轴，同样遵循从 A 到 B 的规律，即从系统的 JA41 接口（FANUC 0i C 数控系统的 JA7A 接口）连接至伺服放大器的 JA7B 接口，如图 4-25 所示。

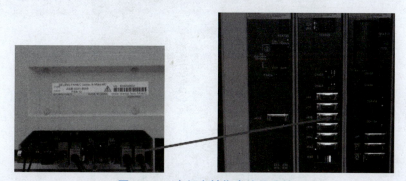

图 4-25　串行主轴指令信号连接

（6）伺服电机动力电源连接

伺服电机动力电源连接主要包含串行主轴电机与伺服进给电机的动力电源连接，两者都采用接插件方式连接，在连接过程中，一定要注意相序的正确性，如图 4-26 所示。

串行主轴电机动力电源

伺服进给电机动力电源

图 4-26　伺服电机动力电源连接

（7）伺服电机反馈连接

伺服电机反馈连接主要包含串行主轴电机与伺服进给电机的反馈连接。一般串行主轴电机内置编码器的反馈放大器 JYA2 接口，伺服进给电机的反馈接口接 JF1 等接口，如图 4 - 27 所示。

串行主轴电机编码器

伺服进给电机编码器

图 4 - 27　伺服电机反馈连接

（8）串行主轴电机的接线盒与伺服进给电机的连接注意事项

串行主轴电机的接线盒内，不仅含有动力电源、编码器接口，还有伺服主轴电机风扇接口，如图 4 - 28 所示。伺服进给电机的连接注意事项如图 4 - 29 所示。

串行主轴电机动力电源

串行主轴电机编码器接口

串行主轴电机风扇电源
伺服主轴电机风扇电源：三相220 V，相序正确，风扇应该外外吹风

图 4 - 28　串行主轴电机的接线盒

禁止进行轴向敲击

插头上的白色标记对着伺服进给电机上的标记的

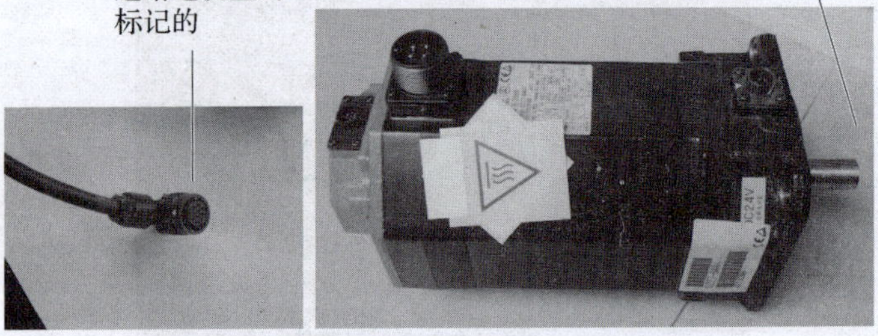

图 4 - 29　伺服进给电机的连接注意事项

3. FANUC 数控系统的 I/O Link 连接

FANUC 数控系统的 PMC 是通过专用的 I/O Link 与系统进行通信的，PMC 在进行 I/O 信号控制的同时，还可以实现手轮与 I/O Link 轴的控制，并且外围的连接很简单，同样遵循从 A 到 B 的规律，系统的 JD51A 接口（FANUC 0i C 数控系统的 JD1A 接口）连接到 I/O 模块的 JD1B 接口，JA3 接口或者 JA58 接口可以连接手轮。

FANUC 0i – MD 数控系统的 I/O 模块是配置 FANUC 系统的数控铣床使用最为广泛的 I/O 模块，图 4 – 30 所示为 I/O 模块实物。它采用 4 个 50 芯插座连接的方式，分别是 CB104/CB105/CB106/CB107。输入点有 96 b，每个 50 芯插座中包含 24 b 的输入点，这些输入点被分为 3 B；输出点有 64 b，每个 50 芯插座中包含 16 b 的输出点，这些输出点被分为 2 B。它们均为 PMC I/O 接口，用于和外界进行信号交换。

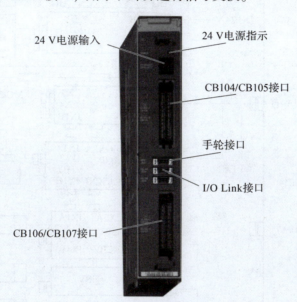

图 4 – 30　I/O 模块实物

4. 系统的总体连接

系统的总体连接如图 4 – 31 所示，系统主板的 JD36 接口作为系统与计算机或其他外部设备的通信接口。JD51A 接口通过 I/O Link 总线连接到 I/O 模块，以便 I/O 信号与数控系统交换数据。串行主轴编码器接口 JA41 连接伺服主轴，用于反馈主轴转速，以保证螺纹切削的准确性。COP10A 接口连接伺服驱动器，通过 FSSB 光缆驱动伺服电机。

（四）系统的调试步骤

数控铣床的调试步骤如下。

1. 接上电源

连接 CNC 的控制电源线，进行基本的画面操作。

①接通控制电源。

②连接 MDI 键盘和显示器。

③调整触摸面板。

④进行基本操作。

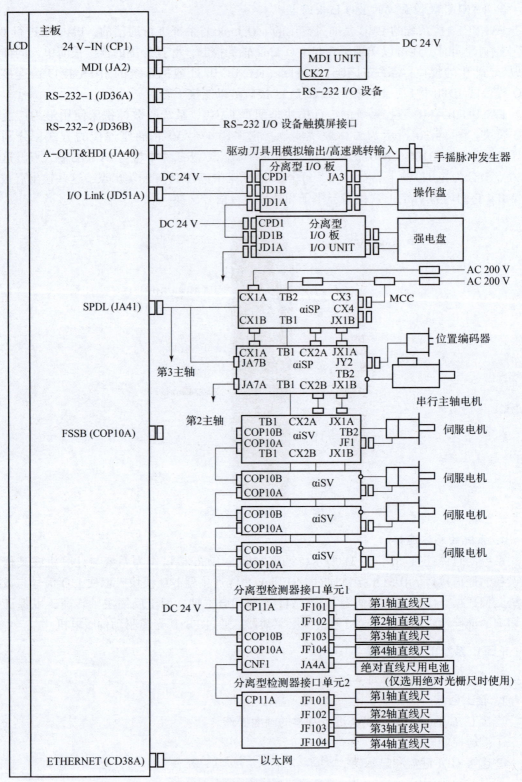

图4-31　系统的总体连接

2. 连接阅读机/穿孔机接口

连接 RS – 232 – C 接口与穿孔面板间的电缆，使之能够与 I/O 设备进行输入输出。

3. CNC 参数的初始设定

设定轴名称和伺服环增益等基本参数。

4. 连接机床接口

连接操作面板和强电回路的接口信号。

5. 编制顺序程序

根据数控铣床的外围硬件以及逻辑关系编写顺序程序，使数控铣床实现相关功能。

6. 连接伺服

对数字伺服参数进行初始设定，连接伺服放大器和伺服电机。

7. 确认运行动作

确认手动进给和自动运转等的动作。

8. 数字伺服的调整

如要提高加工精度和防止振动，就要调整伺服参数。伺服参数的调整具体包括调整反向间隙补偿量、提高加工精度功能、抑制振动功能等。

9. 备份数据

对出厂时的参数设定值和 PMC 程序等进行备份。

二、数控铣床数据备份与恢复

数控铣床出厂时，数控系统内的参数、程序、变量和数据都已调试过，并能保证其正常使用。但是数控铣床在使用过程中，可能出现数据丢失、参数紊乱等情况，这就需要对系统数据进行备份，方便进行数据的恢复；另外，批量调试机床的时候也需要有备份好的数据，以方便批量调试。

系统数据的备份对初学者尤为重要，在对系统的参数、设置、程序等进行操作前，务必先进行数据备份。

（一）CNC 中保存的数据类型和保存方式

1. FANUC 0i – MD 数控系统的数据文件分类

系统文件——FANUC 提供的 CNC 和伺服控制软件称为系统文件。

机床厂文件——机床的 PMC 程序、机床厂编辑的宏程序执行器。

用户文件——包括系统参数、螺距误差补偿值、宏程序、刀具补偿值、工件坐标系数据、PMC 参数（Timer，Counter，Keep Relay，Datasheet）、加工程序等数据。

其中 CNC 参数、PMC 参数、顺序程序、螺距误差补偿值这 4 种数据跟随机床出厂，由机床厂统一设置。

CNC 内部数据的种类和保存处如表 4 – 3 所示。

表 4 – 3　CNC 内部数据的种类和保存处

数据的种类	保存处	备注
CNC 参数	SRAM	
PMC 参数	SRAM	

续表

数据的种类	保存处	备注
顺序程序	FROM	
螺距误差补偿值	SRAM	选择功能
加工程序	SRAM FROM	
刀具补偿值	SRAM	
用户宏变量	SRAM	选择功能
宏 P – code 程序	FROM	宏执行器
宏 P – code 变量	SRAM	（选择功能）
C 语言执行器应用程序	FROM	C 语言执行器
SRAM 变量	SRAM	（选择功能）

2. FROM 与 SRAM

FANUC 0i – MD 数控系统利用不同的存储空间存放不同的数据文件。数据文件主要分为系统文件、机床厂文件和用户文件，而存储空间主要分为以下两类。

（1）FROM

该存储器在数控系统中作为系统存储空间，用于存储系统文件和机床厂文件。

虽然 FROM 中的数据相对稳定，一般情况下不易丢失，但是如果遇到更换主板或存储器板的情况，FROM 中的数据也有可能丢失，其中 FANUC 系统文件在购买备件或修复时可以由 FANUC 公司恢复，同时机床厂文件也会丢失，因此机床厂文件的备份也是必要的。

（2）SRAM

该存储器在数控系统中用于存储用户文件，断电后需要电池保护，该存储器中的数据易丢失（如电池电压过低、SRAM 损坏等时）。

当系统电池电力不足，需要更换电池时，主板上的储能电容可以保持 SRAM 芯片中的数据约 30 min。

（二）SRAM 数据的输入输出方法

对存储在 SRAM 中的数据进行备份恢复的方法，包括分别备份数据的输入输出方法和整体备份数据的输入输出方法，它们的区别如表 4 – 4 所示。

表 4 – 4　整体备份数据与分别备份数据的输入输出方法区别

项目	分别备份	整体备份
输入输出方法	存储卡 RS – 232 – C 以太网	存储卡

续表

项目	分别备份	整体备份
数据形式	文本格式 （可用计算机打开文件）	二进制形式 （不能用计算机打开文件）
操作	多画面操作	简单
用途	设计、调整	维修时

（三）BOOT 画面备份和恢复全部数据

使用 BOOT 功能，把 CNC 参数和 PMC 参数等存储于 SRAM 的数据，通过存储卡一次性全部备份，操作简单。

①BOOT 的系统监控画面如图 4 – 32 所示。

BOOT 画面备份
和恢复全部数据

图 4 – 32　BOOT 的系统监控画面

②BOOT 的系统监控画面命令说明如表 4 – 5 所示。

表 4 – 5　BOOT 的系统监控画面命令说明

命令	说明
END	结束系统监控
USER DATA LOADING	把存储卡中的用户文件读取出来，写入 FROM 中
SYSTEM DATA LOADING	把存储卡中的系统文件读取出来，写入 FROM 中
SYSTEM DATA CHECK	显示写入 FROM 中的文件
SYSTEM DATA DELETE	删除 FROM 中的顺序程序和用户文件
SYSTEM DATA SAVE	把写入 FROM 中的顺序程序和用户文件用存储卡一次性全部备份
SRAM DATA UTILITY	把存储于 SRAM 的 CNC 参数和加工程序用存储卡备份/恢复
MEMORY CARD FORMAT	进行存储卡的格式化

SYSTEM DATA LOADING 和 USER DATA LOADING 的区别在于，选择文件后有无文件内容的确认。

③软键具体说明如表4-6所示。

表4-6　软键具体说明

软键	说明
<	当前画面不能显示时，返回前一画面
SELECT	选择光标位置的功能
YES	确认执行时，用"是"回答
NO	确认不执行时，用"否"回答
UP	光标上移一行
DOWN	光标下移一行
>	当前画面不能显示时，转向下一画面

三、数控铣床常见故障诊断与排除

当数控铣床发生故障时，首先需要判断故障发生的部位，即初步确定故障发生在机械部分还是电气部分。当故障发生在机械部分时，一般可根据故障发生位置修复机械故障。当故障发生在电气部分时，还需要判断故障的类型，以便准确、高效地排除故障。

数控设备的故障是多种多样的，可以从不同角度对其进行分类。从故障发生的性质来看，数控系统故障可分为软件故障、硬件故障和干扰故障三种。其中，软件故障是指由程序编写错误、机床操作失误、参数设定不正确等引起的故障，可通过认真消化、理解随机资料，掌握正确的操作方法和编程方法就可避免和消除。硬件故障是指由CNC电子元件润滑系统、换刀系统、限位机构、机床本体等硬件因素造成的故障。干扰故障则表现为内部干扰和外部干扰。干扰故障是指由系统工艺、线路设计、电源地线配置不当，以及工作环境的恶劣变化而产生的故障。从数控铣床的结构来看，数控系统故障可分为机床本体故障、电气故障与数控装置系统故障。

（一）数控铣床电气故障维修步骤

1. 确认故障现象，调查故障现场，充分掌握故障信息

当数控铣床发生故障时，维修人员对故障的确认是很有必要的，特别是在操作人员不熟悉数控铣床的情况下，故障的确认显得尤为重要。此时，不应该也不能让非专业人士随意开动数控铣床，特别是出现故障后的数控铣床，以免进一步扩大故障范围。

在数控系统出现故障后，维修人员也不要急于动手，盲目处理。首先，要查看故障记录，向操作人员询问故障出现的全过程；其次，在确认通电对数控系统无危险的情况下，再通电亲自观察。特别要注意主要故障信息，包括数控系统有何异常、显示的报警履历，具体内容如图4-33所示。

①故障发生时，报警号和报警提示是什么？有哪些指示灯和发光二极管报警？

②如无报警，数控系统处于何种工作状态？数控系统的工作方式和诊断结果如何？

③故障发生在哪个程序段，执行何种指令？故障发生前进行了何种操作？

④故障发生时，进给速度是多少？机床轴处于什么位置，与指令值的误差有多大？

⑤以前是否发生过类似故障？现场有无异常现象？

⑥观察数控系统的外观、内部各部分是否有异常之处。

2. 根据所掌握故障信息明确故障的复杂程度，并列出故障部位的全部疑点

在充分调查现场和掌握第一手材料的基础上，把故障问题准确地罗列出来，这样就可以达到事半功倍的效果。

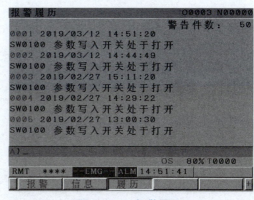

图 4-33 报警履历

3. 分析故障原因，制定排除故障的方案

在分析故障原因时，维修人员不应仅局限于 CNC 部分，而要对强电、机械、液压、气动等方面都做详细的检查，并进行综合判断，制定出故障排除的方案，达到快速诊断和高效率排除故障的目的。

分析故障原因时应注意以下两个方面。

①思路一定要开阔，无论是数控系统、强电部分，还是机械、液压、气动等，要将有可能引起故障的原因以及每一种解决方法全部列出来，进行综合判断和筛选。

②在对故障进行深入分析的基础上，预测故障原因并拟定检查的内容、步骤和方法，制定故障排除方案。

4. 检测故障，逐级定位故障部位

根据预测的故障原因和预先确定的排除方案，用试验的方法进行验证，逐级定位故障部位，最终找出发生故障的真正部位。为了准确、快速地定位故障，应遵循"先方案后操作"的原则。

5. 故障的排除

根据故障部位及发生故障的准确原因，应采用合理的故障排除方法，高效、高质量地修复数控铣床，尽快让数控铣床投入生产。

6. 解决故障后资料的整理

故障排除后，应迅速恢复生产现场，并做好相关资料的整理工作，以便提高自己的业务水平，方便数控铣床的后续维护和维修。

（二）数控铣床典型故障分析举例

①开机时系统显示多个故障报警，如图 4-34 所示。

故障诊断：经检查，系统参数丢失。

故障排除：用该系统的参数备份文件，使用存储卡，在 BOOT 画面进行一次性参数恢复后，重启系统，报警消除，数控铣床恢复正常工作。

②一台数控铣床使用 FANUC 0i-MD 数控系统，开机时系统出现 SV0401 伺服报警，如图 4-35 所示。

学习情境四　数控铣床维护保养技术

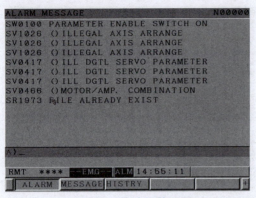

图 4 - 34　故障报警画面

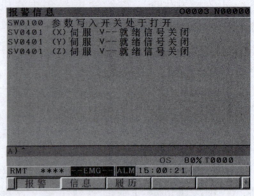

图 4 - 35　SV0401 伺服报警画面

故障诊断：查看数控系统维修说明书，SV0401 伺服报警为就绪信号关闭，位置控制的就绪信号（PRDY）处在接通状态而速度控制的就绪信号（VRDY）断开。

进入系统诊断画面，查找诊断号 0358，诊断号 0358 是用一个十进制数表示一个 16 b 的二进制数，所以在实际应用中需要换算成二进制，具体信号名称如表 4 - 7 所示。

表 4 - 7　诊断号 0358 具体信号名称

#15	#14	#13	#12	#11	#10	#9	#8
	SRDY	DRDY	INTL	RLY	* CRDY	MCOFF	MCONS
#7	#6	#5	#4	#3	#2	#1	#0
MCON	* ESP	HRDY					

#5HRDY：系统监控程序启动。

#6 * ESP：外部急停信号（从电源模块（PSM）的 CX4 接口输入）。

#7MCON：MCON 信号（系统给伺服系统的）。

#8MCONS：MCONS 信号（伺服系统给系统的）。

#9MCOFF：MCC 断开信号（PSM 给伺服模块（SVM））。

#10 * CRDY：逆变器准备就绪信号（当 PSM 的 DCLink 电压约 300 V 启动，PSM 把该信号传递给主轴模块（SPM），SVM）。

#11RLY：动态制动模块继电器吸合反馈信号（DBRL 给 SVM）。

#12INTL：连锁信号（DBRL 掉电）。

#13DRDY：PSM，SVM 准备完信号（PSM，SVM 的 LED 均显示 0）。

#14SRDY：伺服系统准备好信号（数字伺服轴控制卡给系统的准备完成信号）。机床正常准备好时，诊断号 0358 显示：32737（即#5 ~ #14 均为 1）

正常情况下，诊断号 0358 应该显示为 32737，把 32737 转换为二进制为 0111111111100001，而本机中显示 1441，如图 4 - 36 所示。把 1441 转换为二进制为 0000010110100001，第 6 位 * ESP 显示 0，表示无急停信号。

故障排除：经检查是伺服放大器的 CX3 接口的转接端子接触不良，将其修复后，故障排除，数控铣床恢复正常。

③M08 指令的作用是开启主轴切削冷却液，但是发现冷却功能无法正常运行，冷却泵不能运转。

故障诊断：查看设备图纸，冷却控制回路如图 4-37 所示。检查后发现冷却电机不运转，继电器 KA16 吸合，接触器 KM1 不吸合，线圈不通电，所以故障在 KM1 线圈回路中。

故障排除：使用万用表测量 KM1 线圈回路，以 W43 作为参考点，从 U43 逐点往下测量。检测到 XT5：46 脚时有电，到接触器 KM1 线圈的 46 号线时万用表显示没有电压，因此，故障点位置在 XT5：46 脚和接触器 KM1 线圈的 46 号线之间。

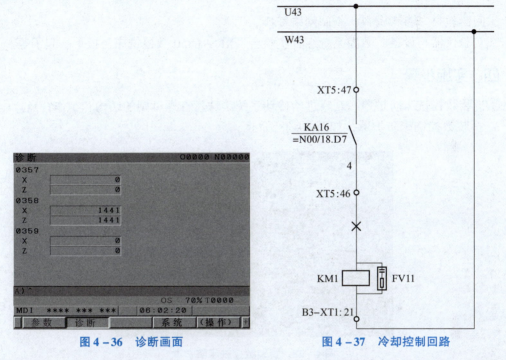

图 4-36　诊断画面　　　　　图 4-37　冷却控制回路

在排除故障的过程中，必要时可根据现场条件使用成熟技术对设备进行改造与改进。最后，对此次维修的故障现象、原因分析、解决过程、更换元件、遗留问题等要做好记录。如果有改造，还应在设备资料中配置符合国家相关标准、完整准确的补充图纸和相关资料。

【实践活动】

任务一　数控铣床进给传动系统的基础维护与保养

一、任务目标

①了解数控铣床进给传动系统的组成及传动原理。
②掌握数控铣床滚珠丝杠螺母副的维护与保养基础技术。

③养成规范操作、认真细致、严谨求实的工作态度。

二、任务要求

①认识进给传动系统。
②保养滚珠丝杠螺母副。
③调整滚珠丝杠螺母副轴向间隙。

三、准备材料

①阅读教材、参考资料，查阅网络资料。
②实验仪器与设备：数控系统综合实验台、XK – L850 数控铣床、扳手、起子等。

四、实施步骤

①拆装数控铣床防护罩，观察进给传动系统滚珠丝杠螺母副的结构和工作特点。
a. 拆装数控铣床防护罩，如图 4 – 38 所示。

图 4 – 38　拆装数控铣床防护罩

b. 观察进给传动系统滚珠丝杠螺母副的结构（见图 4 – 39）和工作特点。

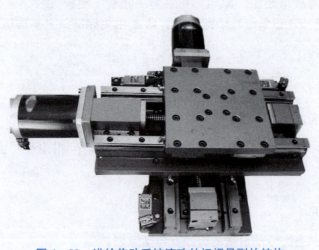

图 4 – 39　进给传动系统滚珠丝杠螺母副的结构

②清洁、保养数控铣床滚珠丝杠螺母副。

a. 清洗滚珠丝杠螺母副（见图4-40）、轴承等部件。

图4-40 清洗滚珠丝杠螺母副

b. 用棉布擦拭滚珠丝杠螺母副（见图4-41）、轴承等部件。

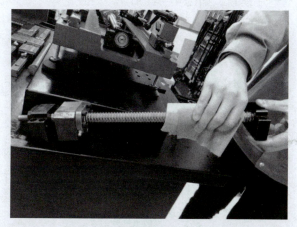

图4-41 用棉布擦拭滚珠丝杠螺母副

③数控铣床滚珠丝杠螺母副的安装、轴向间隙的机械调整与预紧。

a. 安装滚珠丝杠螺母副、轴承等部件，如图4-42所示。

图4-42 安装滚珠丝杠螺母副、轴承等部件

　　b. 选用合适的表架在滑台上方并对滚珠丝杠螺母副的轴向间隙进行调整，如图 4 - 43 所示。

图 4 - 43　滚珠丝杠螺母副的轴向间隙调整

　　c. 调整完毕后固定垫片预紧，如图 4 - 44 所示。

图 4 - 44　固定垫片预紧

　　滚珠丝杠螺母副的轴向间隙也可通过数控系统的轴向间隙补偿功能进行调整，具体的操作方式请参看各数控系统的操作说明，通过典型零件加工进行补偿后的检验。

五、注意事项

　　①注意人身及设备的安全。关闭电源后，方可观察数控铣床内部结构。
　　②未经指导教师许可，不得擅自随意操作。
　　③按规定时间完成操作与保养数控铣床，符合基本操作规范，并注意安全。
　　④注意使用适当的工具，在正确的部位加力。
　　⑤实验完毕后，注意清理现场，清洁并及时保养数控铣床。

六、任务评价

数控铣床进给传动系统的基础维护与保养评价表如表 4 – 8 所示。

表 4 – 8　数控铣床进给传动系统的基础维护与保养评价表

序号	评价内容	优秀	良好	一般
1	正确分析滚珠丝杠螺母副的结构			
2	完成滚珠丝杠螺母副的清洁与保养			
3	完成滚珠丝杠螺母副的安装、轴向间隙的机械调整与预紧			
4	参与态度、动作技能			

任务二　数控铣床数控系统数据备份与恢复

一、任务目标

①掌握 FANUC 数控系统数据备份的方法。
②学会 FANUC 数控系统参数清空的步骤。
③掌握 BOOT 画面备份系统参数的恢复方法。

二、任务要求

①完成 FANUC 数控系统数据的备份。
②清空 FANUC 数控系统原有数据。
③完成 FANUC 数控系统数据恢复，使设备正常工作。

三、准备材料

①阅读教材、参考资料，查阅网络资料。
②实验仪器与设备：数控系统综合实验台、存储卡等。

四、实施步骤

①BOOT 画面进行系统 SRAM 数据备份。
a. 按住显示器下方最右端两个键接通电源，直至显示系统监控画面，如图 4 – 45 所示。
b. 插入存储卡时，注意单边朝上，如图 4 – 46 所示。
c. 将存储卡对准插槽轻插至底，如图 4 – 47 所示。
d. 按 UP 或 DOWN 键，把光标移动到 7. SRAM DATA UTILITY 命令的位置，该命令可以将数控系统（随机存储器 SRAM）中的用户数据全部储存到存储卡中进行备份，或将存储卡中的数据恢复到 FANUC 数控系统中，如图 4 – 48 所示。

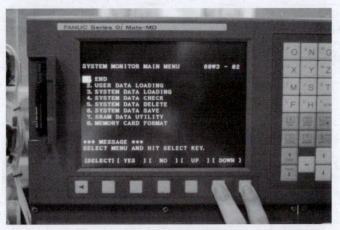

图 4－45　BOOT 画面启动

图 4－46　存储卡

图 4－47　存储卡插入插槽

e. 按 SELECT 键，显示 SRAM DATA UTILITY 子菜单画面，如图 4 – 49 所示。

图 4 – 48　BOOT 画面

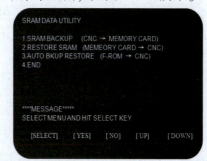

图 4 – 49　SRAM DATA UTILITY 子菜单画面

f. 按 UP 或 DOWN 键，把光标移动到 1. SRAM BACKUP（CNC→MEMORY CARD）命令的位置，按 SELECT 键，再按 YES 键，进行 SRAM 数据备份。

②BOOT 画面进行系统 FROM 数据备份。

a. 进入图 4 – 48 所示的引导画面。

b. 选择 6. SYSTEM DATA SAVE 命令，进入图 4 – 50 所示画面。

c. 把光标移动到需要存储的文件的名字上，按 SELECT 键。存储结束时，系统会显示存储卡上写入的文件名。

③清空系统。

在进行数据恢复前，先人为破坏系统，以便完成恢复数据后的系统验证。破坏系统的方法是在上电时，同时按住 MDI 键盘上的 RESET 键和 DELETE 键，直到 CNC 显示初始程序加载页面。

④BOOT 画面进行系统 SRAM 数据恢复。

a. 按住显示器下方最右端两个键接通电源，直至显示系统监控画面，如图 4 – 45 所示。

b. 按 UP 或 DOWN 键，把光标移动到 7. SRAM DATA UTILITY 命令的位置，如图 4 – 48 所示，按 SELECT 键进入 SRAM DATA UTILITY 子菜单。

c. 选择 2. RESTORE SRAM［MEMEORY CARD→CNC］命令，执行数据恢复，如图 4 – 51 所示。

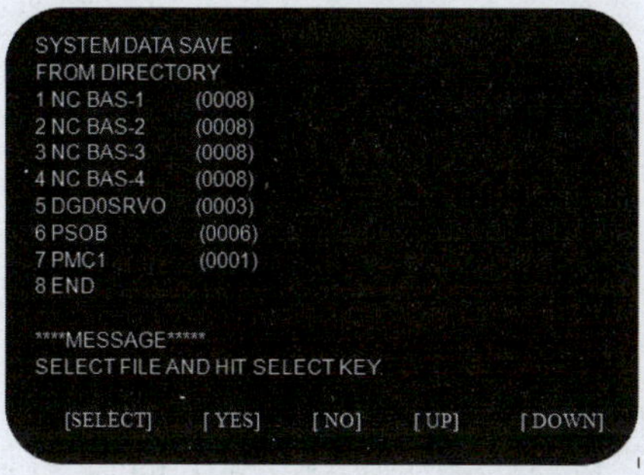

图 4 – 50　SYSTEM DATA SAVE 子菜单画面

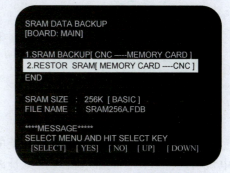

图 4 – 51　SRAM 数据的恢复

⑤BOOT 画面进行系统 FROM 数据恢复。

a. 插入存有备份数据的存储卡，进入 BOOT 画面，如图 4 – 45 所示。

　　b. 选择 3. SYSTEM DATA LOADING 命令，画面显示存储卡内的文件，把光标移动到需要恢复的文件上，按 SELECT 键，如图 4 – 52 所示。

　　c. 文件加载结束时，系统显示 LOADING COMPLETE 信息。

　　⑥数据恢复结束以后，重启系统，检查系统各功能是否正常。

五、注意事项

　　①注意人身及设备的安全。
　　②清空系统前确认备份数据是否完整。
　　③实验完毕后，注意清理现场，清洁并及时保养数控铣床。

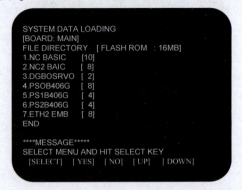

```
SYSTEM DATA LOADING
[BOARD: MAIN]
FILE DIRECTORY    [ FLASH ROM  : 16MB]
1.NC BASIC       [10]
2.NC2 BAIC       [ 8]
3.DGBOSRVO       [ 2]
4.PSOB406G       [ 8]
5.PS1B406G       [ 4]
6.PS2B406G       [ 4]
7.ETH2 EMB       [ 8]
END

****MESSAGE*****
SELECT MENU AND HIT SELECT KEY
  [SELECT]  [ YES ]  [ NO ]  [ UP ]  [ DOWN ]
```

图 4 – 52　FROM 数据的恢复

六、任务评价

　　数控铣床数控系统数据备份与恢复评价表如表 4 – 9 所示。

表 4 – 9　数控铣床数控系统数据备份与恢复评价表

序号	评价内容	优秀	良好	一般
1	正确完成 BOOT 画面数据备份			
2	清空系统			
3	正确完成 BOOT 画面数据恢复			
4	参与态度、动作技能			

任务三　数控铣床伺服及急停故障诊断与处理

一、任务目标

　　①掌握数控铣床故障诊断的步骤和方法。
　　②学会伺服故障的解决方法。
　　③学会急停故障的排除方法。

二、任务要求

　　①某台 FANUC 0i – MD 数控系统的数控铣床，已知 Z 轴滚珠丝杠螺距为 4 mm，伺服电机与丝杠直连，伺服电机规格见具体铭牌标示，机床检测单位为 0.001 mm，数控指令单位为 0.001 mm。使用时系统出现了伺服 SV0417（Z）、伺服 SV0466（Z）报警，经过查询维修说明书，需要对 Z 轴重新进行伺服参数设置，才能解除报警。
　　②完成急停控制线路故障的恢复，使设备正常工作。

三、准备材料

①阅读教材、参考资料，查阅网络资料。

②实验仪器与设备：XK－L850 数控铣床、FANUC 0i－MD 数控系统、万用表等。

四、实施步骤

伺服 SV0417（Z）、
伺服 SV0466（Z）
报警无法解除

1. 伺服 SV0417（Z）、伺服 SV0466（Z）报警无法解除

①查阅维修说明书。SV0417（Z）报警：数字伺服参数的设定不正确。SV0466（Z）报警：伺服放大器的最大电流和电机的最大电流不同，如图 4－53 所示。

②按急停/MDI 方式→SYSTEM 键数次→伺服设定→操作→选择→切换，进入图 4－54 所示画面。

图 4－53　伺服报警画面	图 4－54　伺服设定画面

③根据设备参数完成 Z 轴伺服参数设定，如图 4－55 所示。

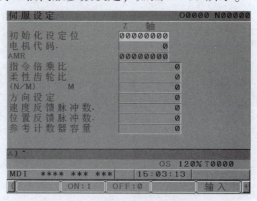

图 4－55　Z 轴伺服参数设定画面

④验证伺服参数设定的正确性，如图 4－56 所示。

2. 急停故障的诊断和维修

①系统出现图 4－57 所示的急停报警画面，参考急停相关电路，完成急停故障的诊断和排除。

急停故障的
诊断和维修

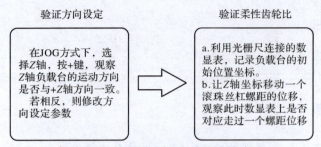

图 4 − 56　伺服参数设定的正确性验证

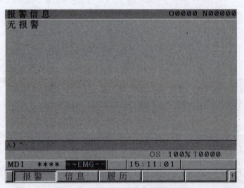

图 4 − 57　急停报警画面

②观察继电器 KA2 指示灯是否亮，检查图 4 − 58 所示回路是否正常工作。

③检查急停信号 X8.4 的状态，如果信号不正常，则检查图 4 − 59 所示电气回路。

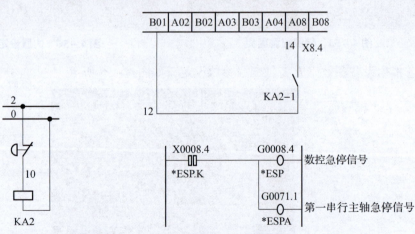

图 4 − 58　继电器 KA2 线圈回路　　　　图 4 − 59　急停信号 X8.4 电气回路

④检查 CX4 电气回路，如图 4 − 60 所示。

　　首先判断继电器 KA2 线圈回路是否有故障存在，若无故障，则检查 X8.4 信号的状态；其次检查继电器 KA2 − 2 触电回路；最后使用万用表电压挡，测量电路中各点间的电压值，根据电压值变化，分析和诊断故障原因，并找到解决方法。

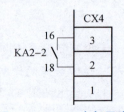

图 4 − 60　CX4 电气回路

五、注意事项

①注意人身及设备的安全。关闭电源后，方可观察数控铣床内部结构。
②正确使用万用表。
③实验完毕后，注意清理现场，清洁并及时保养数控铣床。

六、任务评价

数控铣床伺服及急停故障诊断与处理评价表如表4－10所示。

表4－10　数控铣床伺服及急停故障诊断与处理评价表

序号	评价内容	优秀	良好	一般
1	正确完成伺服故障的诊断与处理			
2	正确完成急停故障诊断与处理			
3	参与态度、动作技能			

【匠心故事】

大国工匠、为国铸剑：贺潇强

贺潇强，中国航天科工三院159厂机加分厂数控铣工，荣获"全国技术能手"称号，先后承担了多个被誉为"国之重器"产品的研制生产工作，在重要核心部件的技术攻关、制造仿真、生产线试切等方面取得了诸多成绩。冬去春来，岁月寒暑，他用行动诠释新时代青年的劳动美、匠人心。

一、精益求精，为国铸剑不容许一丝马虎

成长的路上需要一盏明灯，对于贺潇强来说，这盏灯就是他的师父。2012年底，90后贺潇强入厂，师父让他做的是最基础的磨刀、磨钻头和"打方"的工作，而且分给他的还是一个普通手摇铣床，当时他觉得设备好落后啊，自己在学校操作的都是更为先进的数控铣床。可当师父对他加工完的毛坯料6个面进行测量时，竟没有一面是合格的，50 mm的边长最大误差竟达到了2 mm。

"航天品质就是要精益求精，航天产品不容许一丝马虎。"这是车间里每一个师傅经常挂在嘴边的一句话。万丈高楼平地起，就在那时贺潇强突然明白，对平面的粗加工是各项技能的基础，没有反复的"打方"练习，就无法扎实地掌握切削余量，无法保证产品精度。正是师父让他反复练习基本功，才让他的心态沉静下来，也让他更深刻理解了航天产品的高标准、严要求。

从此以后，他总会细心保存做报废的零件，在空余时间反复拆解实验。曾经的失误给他警醒，让他在每一次重复中追求完美。如今，厂房越来越先进，数控系统代替了双手，

但贺潇强始终不忘初心，他深知为国铸剑容不得丝毫马虎，航天产品更要精益求精。

二、创新思考，在技术攻关面前毫不让步

来自山西吕梁的贺潇强个子不高，一张娃娃脸，像是刚从校园走出的学生。但是，当机床开动，毛坯在刀具的跃动中渐渐焕发光发亮的时候，他的眼神便突然严肃起来，像是身临战场的战士，随时准备克服一切困难。

贺潇强出生于 1991 年，提到年轻，我们会想到"初生牛犊不怕虎"，他确实也是这样一个人。"这孩子啊，干起活来一丝不苟，很有自己的主见，经常和几位老师傅们'争得面红耳赤'。"谈起贺潇强，厂里的同事、领导都笑容满面，说他在技术攻关面前毫不让步。有一次，在加工一个复杂异形零件时，需要近 30 把刀具、5 道工序，按照 10 h 做完一件的速度根本完不成任务，于是贺潇强提出采用高速切削的方式，但师父认为这种切削可能会把机床撞了，还有可能会使零件变形，而一旦这个零件有问题就会影响总装分厂的装配，这个风险谁都无法承担。贺潇强却认为只要重新设置程序，合理使用设备和零件本身的特点，减少刀具的吃刀量，用"浅吃快跑"的方式就可以避免零件在切削中的高温变形，而且还可以提高加工效率，给后续装配赢得更多宝贵的时间。在看到他一次次实践试切的数据后，师父最终妥协了，两人通力合作，提前完成了紧急任务。

不服输不等于认死理，据理力争并不等于固守己见。在创新思考和认真实践的基础上，坚持自己的想法，正是他从一个胜利迈向另一个胜利的密钥。

三、努力钻研，将机床的功能发挥到极致

对于贺潇强来说，他的数控铣床就好似他手中的"尚方宝剑"。因技术过硬、责任心强，今年他所在的机加分厂将 4 台卧式加工中心、2 台五轴加工中心、2 台 4 m 龙门铣及 2 台 6 m 五轴龙门铣的安装验收重任分派给他。

几年来，贺潇强将机床的功能发挥到极致，图 4-61 所示为他在调试激光测量仪器。他"精雕细琢"无数产品的"骨骼"，完成多项急、难、险、重的任务。能取得如此瞩目的成就，很大一部分归功于他有一颗不断钻研、视数控学习如生命的心。贺潇强深知一台价值昂贵机床的功能，于是他 4 次亲自去四川、济南试切设备，一方面是将自己这些年在制造仿真、数控编程、工装设计、零件加工工序设计等方面积累的经验应用于国产数控系统，实现数控设备的在线测量、在线补偿和自动加工，将机床的功能发挥到极致；另一方面是为了提前发现这些新设备存在的问题、功能的全面性、精度的可靠性，减少国产设备及国产系统的现场磨合时间。2021 年以来机床的技术材料几乎被他翻烂，他发现并提出的 90 多个问题全部得到解决，终于功夫不负有心人，他提前测试了所有生产线运行功能，完成了所有设备的调试工作，如今，设备的现场安装正在如火如荼地进行着。

一把工具、一双妙手，贺潇强将一块块冷冰冰的铁疙瘩变成亮晶晶的零件，以精湛的技艺和过人的胆识，为飞航事业默默奉献。从新手到老手、老手到高手、高手到工匠，他没有什么豪言壮语，只觉得自己就是航天一线普通的一员，从事着自己热爱的工作，怀揣一颗匠心去实现自己的梦想。

图 4-61　贺潇强在调试激光测量仪器

【归纳拓展】

一、归纳总结

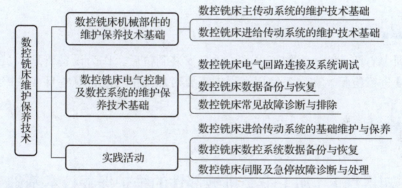

二、拓展练习

1. 数控铣床主传动系统由哪些部分组成？

2. 数控铣床进给传动系统由哪些部分组成？

3. 滚珠丝杠螺母副的维护与保养应考虑哪些方面？

4. 若滚珠丝杠螺母副轴向间隙超差，对加工会产生什么样的影响？

5. FANUC 0i-MD 数控铣床系统主要由哪些部件组成？

6. 在哪些情况下，需要进行参数的备份？

7. 在哪些情况下，需要进行参数的恢复？

8. 数控铣床电气故障维修步骤是什么？

9. 故障诊断与排除的常用方法有哪些？

【学习目标】

1. 掌握加工中心精度检验的基本方法。
2. 了解加工中心刀库的机械结构和维护保养方法。
3. 掌握加工中心自动换刀装置的电气回路连接及系统调试。
4. 了解加工中心系统常见故障的诊断与排除方法。
5. 掌握加工中心刀库常见故障的诊断与排除方法。
6. 了解加工中心气压控制系统的维护保养方法。

【情境描述】

　　学院实训中心新采购一台加工中心，设备安装到位后，作为设备管理人员需要对加工中心哪些精度进行检验？在设备使用过程中需要对加工中心进行哪些日常维护保养？

【相关知识】

知识点1　加工中心机械部件的维护保养技术基础

　　加工中心是机器、计算机、检测等多种技术的联合体，是能对一类工件实施多程序加工的高精度自动化设备。加工中心价格昂贵，如何保证其长期稳定地工作，就显得至关重要。本知识点主要学习加工中心的精度检验、刀库日常维护保养技术等基础知识。

一、加工中心的精度及检验

　　加工中心的精度是衡量机床性能的一项重要指标，也是加工中心在安装完成后必经的检验过程。精度检验主要包括数控机床的几何精度、定位精度和加工精度等，不同类型的数控机床对这些方面的要求也不尽相同。数控机床种类繁多，因此，不同的数控机床进行检验时需要有一个统一的标准和方法。本知识点以《精密加工中心检验条件　第2部分：立式或带垂直主回转轴的万能主轴头机床几何精度检验（垂直 Z 轴）》（GB/T 20957.2—2007）为标准，具体介绍加工中心常用的几何精度检验方法。

　　加工中心几何精度检验常用的检验工具有精密水平仪、平尺、角尺、检验棒、百分表、等高块、百分表、塞尺等。检验工具的精度必须比所测几何精度高一个等级。加工中心精度检验常用的检验工具如表 5-1 所示。

表 5-1　加工中心精度检验常用的检验工具

检验工具名称	实物图
精密水平仪	
平尺	
角尺	
检验棒	

续表

检验工具名称	实物图
等高块	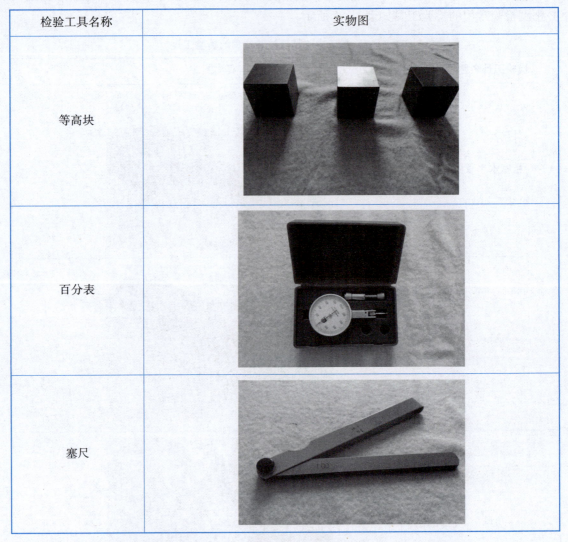
百分表	
塞尺	

（一）加工中心几何精度的概念

加工中心几何精度是指加工中心某些基础零件工作面的几何精度，是加工中心在不运动的情况下检验的精度，又称静态精度。几何精度检验必须在地基完全稳定、地脚螺栓处于压紧的状态下进行。考虑到地基可能随时间而变化，一般要求加工中心使用半年后，再复校一次几何精度。

加工中心几何精度还决定了加工精度的各主要零部件之间以及这些零部件运动轨迹之间的相对位置容差，所以几何精度直接影响加工中心的加工精度。

（二）加工中心常见几何精度检验项目

加工中心常见的几何精度检验项目主要有工作台面的平面度、线性运动的直线度、线性运动的垂直度、主轴轴向窜动、主轴端面跳动、主轴锥孔径向跳动、主轴轴线与 Z 轴线运动间的平行度等 20 多项，表 5 − 2 所示为加工中心部分典型几何精度检验项目。

表 5 – 2　加工中心部分典型几何精度检验项目

序号	项目	图示	要求	主要检验工具
1	加工中心水平调整	—	X 轴方向：≤0.04 mm。Y 轴方向：≤0.04 mm	精密水平仪、调整扳手
2	工作台面的平面度	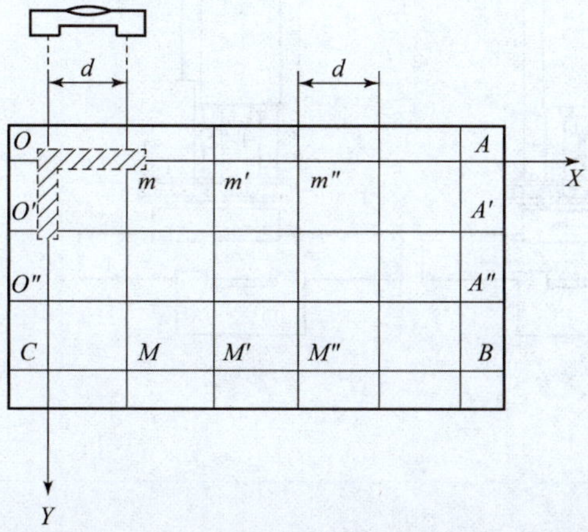		精密水平仪或平尺、量块、指示器
3	X 轴线运动的直线度	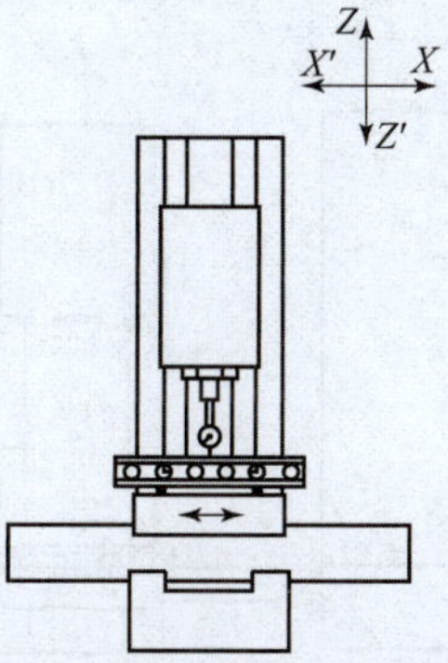 （a） 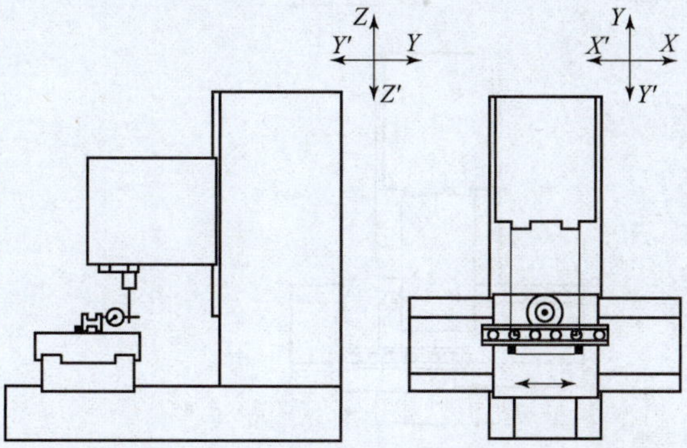 （b）	（a）在 ZX 平面内。（b）在 XY 平面内	等高块、平尺、磁性表座、百分表、塞尺

序号	项目	图示	要求	主要检验工具
4	Z 轴线运动和 X 轴线运动间的垂直度	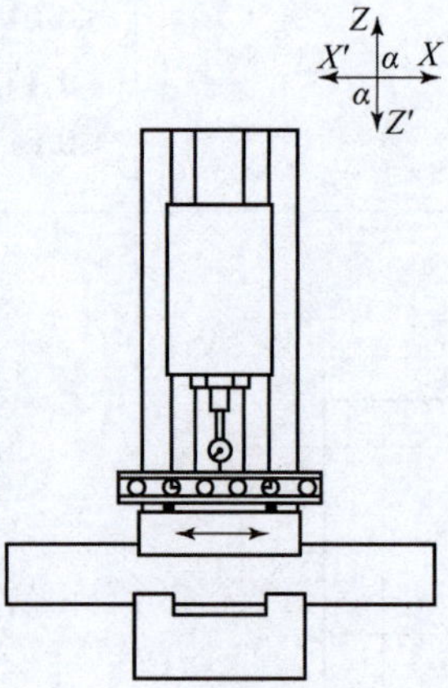 步骤1 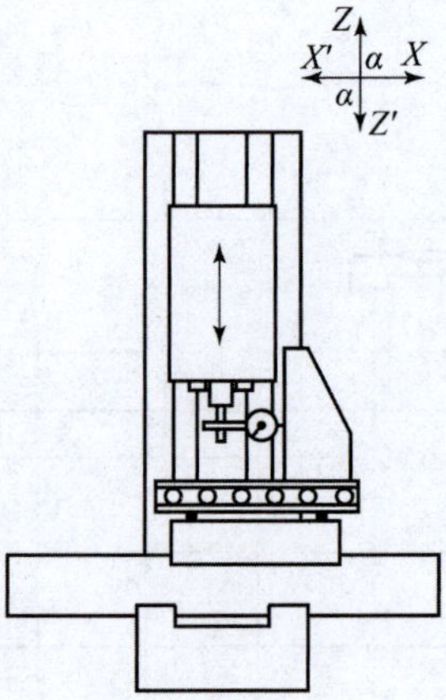　　　　步骤2	0.012 mm	等高块、百分表、磁性表座、方尺、塞尺
5	Y 轴线运动和 X 轴线运动间的垂直度	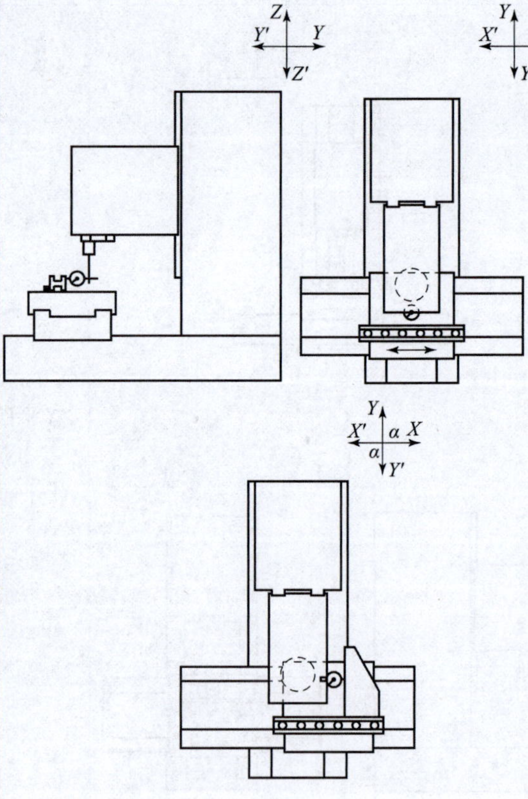	0.012 mm	平尺、指示器

续表

序号	项目	图示	要求	主要检验工具
6	主轴轴线和 Z 轴线运动间的平行度	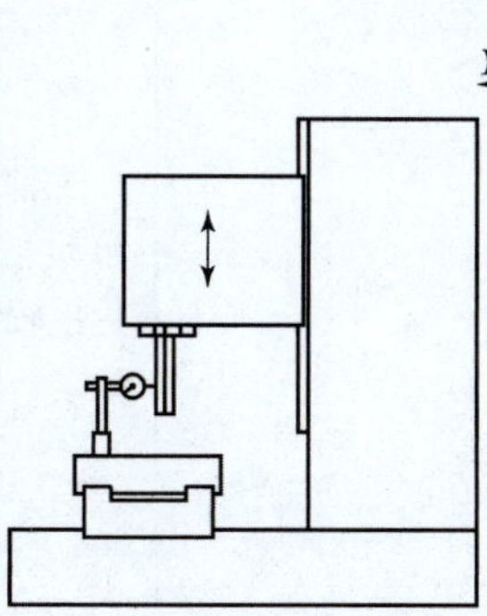 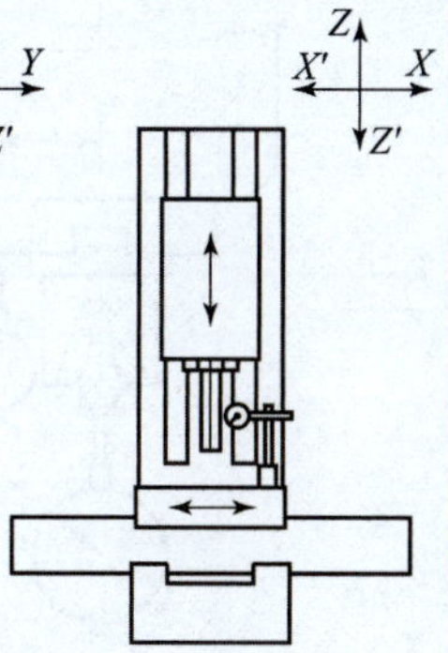 （a）　　　　（b）	（a）平行于 Y 轴线的 YZ 平面内。 （b）平行于 X 轴线的 ZX 平面内	检验棒、百分表、磁性表座
7	主轴轴线和 X 轴线运动间的垂直度	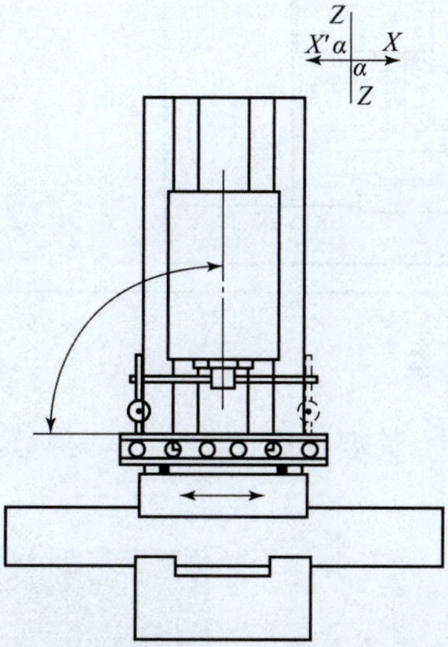	0.01 mm	平尺、指示器
8	工作台面和 X 轴线运动间的平行度	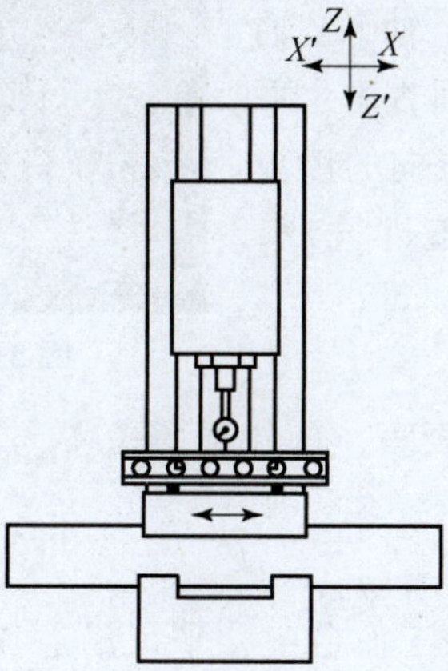	0.016 mm	平尺、指示器

续表

序号	项目	图示	要求	主要检验工具
9	主轴轴向窜动/主轴端面跳动	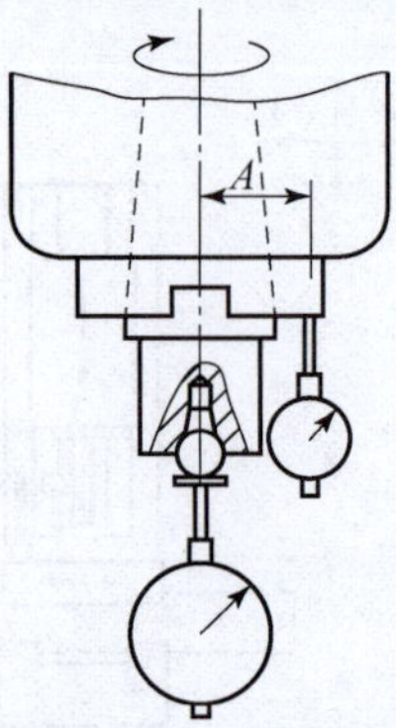	主轴轴向窜动。主轴端面跳动	检验棒、磁性表座、百分表
10	主轴锥孔径向跳动	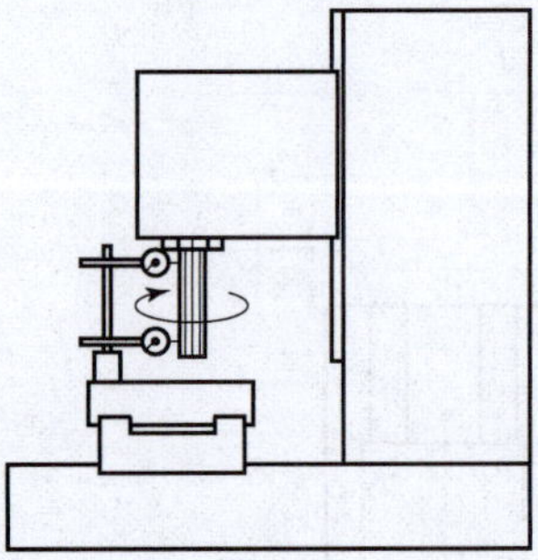	靠近主轴端。距离主轴端部300 mm处	检验棒、磁性表座、百分表

（三）常见几何精度的检验方法

下面以 VMC600 加工中心为例，简要地介绍加工中心部分典型项目几何精度的检验方法。

1. 加工中心水平调整

检验工具：精密水平仪、调整扳手。

检验方法：将加工中心工作台移动至中间位置，将 2 个水平仪分别横向、纵向放在工作台上，如图 5 − 1 所示，目测分别与 X 轴、Y 轴平行，调整加工中心的 4 个地脚，同时查看水平仪的读数，确保调整后的水平仪 2 个方向的读数在 0.04 mm 以内，加工中心水平调整即完成，水平仪的读数即加工中心的水平。

图 5 − 1　加工中心水平调整

2. X 轴线运动的直线度

检验工具：等高块、平尺、磁性表座、百分表、塞尺。

检验方法如下。

① XY 平面内的直线度。

如图 5 − 2 所示，将等高块放置在工作台上，平尺沿着 X 轴水平放置在等高块上，目测平尺测量面与 X 轴平行。将磁性表座吸附在主轴上，百分表触头触及平尺测量面，移动

X 轴，用橡皮锤调整平尺，使平尺两端读数基本一致。重新打表，移动 X 轴，使百分表触头从平尺测量面的一端移动至另一端，读数的最大误差就是 X 轴线在 XY 平面内运动的直线度。

②ZX 平面内的直线度。

如图 5 - 3 所示，将等高块放置在工作台上，平尺沿着 X 轴垂直放置在等高块上，目测平尺测量面与 X 轴平行。将磁性表座吸附在主轴上，百分表触头触及平尺测量面，移动 X 轴，用塞尺垫入平尺下方，使平尺两端读数基本一致。重新打表，移动 X 轴，使百分表触头从平尺测量面的一端移动至另一端，读数的最大误差就是 X 轴线在 ZX 平面内运动的直线度。

图 5 - 2　X 轴线运动的直线度（XY 平面）

图 5 - 3　X 轴线运动的直线度（ZX 平面）

3. Z 轴线运动和 X 轴线运动间的垂直度

检验工具：等高块、百分表、磁性表座、方尺、塞尺。

检验方法：如图 5 - 4 所示，将等高块放置在工作台上，方尺沿着 X 轴垂直放置在等高块上，目测方尺测量面与 X 轴平行。将磁性表座吸附在主轴上，固定主轴，百分表触头触及方尺测量面，移动 X 轴，用塞尺垫入方尺下方，使方尺两端读数基本一致。百分表触头触及方尺垂直方向的测量面，移动 Z 轴，使百分表触头从方尺测量面的一端移动至另一端，读数的最大误差就是 Z 轴线运动和 X 轴线运动间的垂直度。

4. 主轴轴线和 Z 轴线运动间的平行度

检验工具：检验棒、百分表、磁性表座。

检验方法如下。

①平行于 X 轴线的 ZX 平面内的平行度。

使 X 轴线置于行程的中间位置，将检验棒插入主轴，

图 5 - 4　Z 轴线运动和 X 轴线
运动间的垂直度

磁性表座吸附在工作台上，百分表触头沿 X 轴方向触及检验棒，移动 Y 轴寻找最高点。然后移动 Z 轴，使百分表触头从检验棒的一端移动至另一端，读取最大差值，主轴旋转 $180°$，重复上述步骤，2 次测量得到的最大差值的平均值就是 ZX 平面内主轴轴线和 Z 轴线运动间的平行度。

②平行于 Y 轴线的 YZ 平面内的平行度。

使 X 轴线置于行程的中间位置，将检验棒插入主轴，磁性表座吸附在工作台上，百分表触头沿 Y 轴方向触及检验棒，移动 X 轴寻找最高点。然后移动 Z 轴，使百分表触头从检验棒的一端移动至另一端，读取最大差值，主轴旋转180°，重复上述步骤，2次测量得到的最大差值的平均值就是 YZ 平面内主轴轴线和 Z 轴线运动间的平行度。

5. 主轴轴向窜动/主轴端面跳动

检验工具：检验棒、磁性表座、百分表。

检验方法：将磁性表座吸附在工作台上，百分表触头触及主轴端面，旋转主轴2圈以上，读数的最大差值就是主轴端面跳动。

将检验棒插入主轴，检验用的钢珠用润滑脂吸附在检验棒下端，磁性表座吸附在工作台上，百分表表头换平表头，平表头触及钢珠，旋转主轴2圈以上，读数的最大差值就是主轴轴向窜动。

6. 主轴锥孔径向跳动

检验工具：检验棒、磁性表座、百分表。

检验方法：靠近主轴端，将检验棒插入主轴锥孔内，将磁性表座吸附在工作台上，百分表触头触及检验棒，旋转主轴2圈以上，读取最大差值。拔出检验棒旋转90°重新插入主轴，测量并读取最大差值，重复上述步骤2次。4次最大差值的平均值即主轴锥孔径向跳动。移动 Z 轴使百分表触头触及距主轴端300 mm处，按靠近主轴端相同的方式测量。

二、加工中心刀库维护技术基础

加工中心的自动换刀装置由刀库和刀具自动交换装置（ATC）组成，能够使工件一次装夹后不用再拆卸就可完成多工序的加工。

（一）加工中心刀库的工作要求

①刀库容量适当。
②换刀时间短。
③换刀空间小。
④动作可靠、使用稳定。
⑤刀具重复定位精度高。
⑥刀具识别准确。

（二）加工中心常用刀库类型

数控机床的自动换刀装置中，实现刀库与机床主轴之间刀具传递和刀具装卸的装置称为ATC。刀具的交换方式一般有两种：机械手换刀和斗笠式换刀，其中斗笠式换刀是加工中心比较常见的一种自动换刀装置。一般加工中心采用的换刀系统由刀具、主轴部件、ATC等部件组成。

1. 机械手换刀

加工中心普遍采用的换刀形式是首先由刀库选刀，然后由机械手完成换刀动作。机床结构不同，机械手的形式及动作均不一样。下面以VMC850加工中心为例介绍机械手换刀的工作原理。

VMC850 加工中心采用的是圆盘式刀库，位于加工中心立柱左侧，其机械结构如图 5-5 所示。

由于刀库中存放刀具的轴线与主轴的轴线垂直，故机械手需要三个自由度。机械手沿主轴轴线的插拔刀动作，由液压缸实现；绕竖直轴旋转 90°的摆动进行刀库与主轴间刀具的传送，由液压马达实现；绕水平轴旋转 180°完成刀库与主轴上的刀具交换动作，也由液压马达实现。其换刀分解动作如图 5-6（a）~图 5-6（f）所示。

图 5-5 圆盘式刀库机械结构

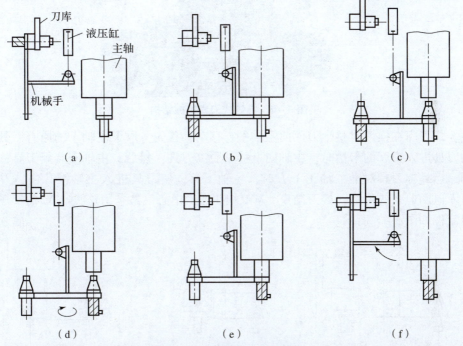

图 5-6 机械手换刀分解动作

①扣刀爪伸出，抓住刀库上的待换刀具，刀库刀座上的锁板拉开，如图 5-6（a）所示。

②机械手带着待换刀具绕竖直轴逆时针方向旋转 90°，与主轴轴线平行，另一个扣刀爪抓住主轴上的刀具，主轴将刀杆松开，如图 5-6（b）所示。

③主轴松刀，机械手下移，将刀具从主轴锥孔内拔出，如图 5-6（c）所示。

④机械手绕自身水平轴旋转 180°，将两把刀具交换位置，如图 5-6（d）所示。

⑤机械手上移，将新刀具装入主轴，主轴将刀具锁住，如图 5-6（e）所示。

⑥扣刀爪缩回，松开主轴上的刀具。机械手竖直轴顺时针旋转 90°，将刀具放回刀库的相应刀座上，刀库刀座上的锁板合上，如图 5-6（f）所示。

⑦扣刀爪缩回，松开刀库上的刀具，恢复到原始位置。

2. 斗笠式换刀

加工中心的一个很大优势在于它有 ATC，使加工变得更具有柔性化。加工中心常用的

学习情境五　加工中心维护保养技术

刀库有斗笠式、凸轮式、链条式等，其中斗笠式刀库由于其形状像个大斗笠而得名，一般存储刀具数量不能太多，10~24把刀具为宜，具有体积小、安装方便等特点，在立式加工中心中应用较多，其机械结构如图5-7所示。

刀库移动气缸

刀库旋转电机

计数器

装刀卡爪

图5-7　斗笠式刀库机械结构

斗笠式刀库在换刀时整个刀库向主轴平行移动，首先，取下主轴上的原有刀具，当主轴上的刀具进入刀库的卡槽时，主轴向上移动脱离刀具；然后，主轴安装新刀具，这时刀库转动，当目标刀具对准主轴正下方时，主轴下移，使刀具进入主轴锥孔内，刀具夹紧后，刀库退回原来的位置，换刀结束。VMC650加工中心就是采用这类ATC的实例。斗笠式换刀流程如图5-8所示。

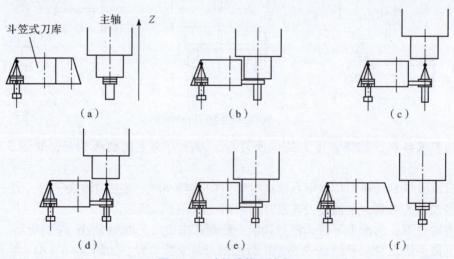

斗笠式刀库　　主轴

（a）　　　　　　　（b）　　　　　　　（c）

（d）　　　　　　　（e）　　　　　　　（f）

图5-8　斗笠式换刀流程

VMC650加工中心主轴在立柱上可以沿Z轴方向上下移动，工作台横向运动为X轴，纵向移动为Y轴。斗笠式刀库位于加工中心顶部，有16个装刀位置，可装16把刀具。

①当加工工步结束后执行换刀指令时，主轴实现准停，主轴箱沿Z轴上升到参考点位置。这时加工中心上方刀库的空挡刀位正好处在交换位置，装刀卡爪打开，如图5-8（a）所示。

②主轴下降到固定位置，被更换刀具的刀杆进入刀库空刀位，即被装刀卡爪钳住，与此同时，主轴内刀杆自动夹紧装置放松刀具，如图5-8（b）所示。

③主轴上升，从主轴锥孔中将刀具拔出，如图5-8（c）所示。

④刀库旋转，按照程序指令要求将选好的刀具转到主轴位置，同时，压缩空气将主轴锥孔吹净，如图5-8（d）所示。

⑤主轴下降，主轴内有夹紧装置将刀杆拉紧，将新刀具插入主轴锥孔，如图5-8（e）所示。

⑥刀库退回原始位置，换刀完成，开始下一工步的加工，如图5-8（f）所示。

这种 ATC 不需要机械手，结构简单、紧凑。由于交换刀具时加工中心不工作，所以不会影响加工精度。受刀库尺寸限制，装刀数量不能太多。这种换刀方式多用于采用40号以下刀柄的中小型加工中心。

（三）刀具识别方法

加工中心刀库中有多把刀具，要从刀库中调出所需刀具，就必须对刀具进行识别，刀具识别的方法有两种。

1. 刀座编码

在刀库的刀座上编有号码，装刀之前，先对刀库进行重整设定，设定完后，就变成了刀具号和刀座号一致的情况，此时一号刀座对应的就是一号刀具，经过换刀之后，一号刀具并不一定放到一号刀座中（刀库采用"就近选刀"原则），此时数控系统采用循环记忆方式，自动记忆一号刀具放到了几号刀座中。

2. 刀柄编码

识别传感器在刀柄上编有号码，将刀具号先与刀柄号对应起来，把刀具装在刀柄上，再装入刀库，在刀库上有刀柄感应器，当需要的刀具从刀库中转到装有感应器的位置时被感应到，便从刀库中调出交换到主轴上。

（四）加工中心自动换刀装置的基础维护与常见故障处理

1. 维护要点

①严禁把超重、超长的刀具装入刀库，防止在机械手换刀时掉刀或刀具与工件、夹具等发生碰撞。

②用顺序选刀的方式选刀时，必须注意刀具放置在刀库上的顺序要正确。其他选刀方式也要注意所换刀具号是否与所需刀具一致，防止换错刀具导致事故的发生。

③用手动方式往刀库上装刀时，要确保装到位、装牢靠。检查刀座上的锁紧是否可靠；经常检查刀库的回零位置是否正确，检查加工中心主轴回换刀点位置是否到位，并及时调整，否则不能完成换刀动作。

④注意保持刀具刀柄和刀套的清洁。

⑤开机时，应先使刀库和机械手空运行，检查各部分工作是否正常，特别是各行程开关和电磁阀能否正常动作。检查机械手液压系统的压力是否正常，刀具在机械手上锁紧是否可靠，发现不正常及时处理。

2. 常见故障及其处理方法

加工中心自动换刀装置常见故障及其处理方法如表5-3所示。

表5-3　加工中心自动换刀装置常见故障及其处理方法

序号	故障现象	故障原因	处理方法
1	刀库不能转动	刀库缩回不到位	检查刀库控制电路，查看刀库行程检测开关是否吸合，若未吸合，则使用万用表测量开关性能
2	刀库不能转动	主轴松/紧刀接触不良	检查加工中心主轴松刀到位信号和紧刀到位信号，若信号不正常，则更换开关
3	刀库旋转不停止	刀库计数器故障	刀库计数器用来控制刀库到位停止，当刀库计数器失效时，程序中目标刀号将始终保持寻找刀位状态，刀库会连续运转，因此应检查刀库计数器
4	加工过程中掉刀	刀库圆盘锁紧弹簧失效	1. 刀库中某刀位所装刀具超重，造成弹簧夹紧力不足。 2. 刀库移动过程中行程气缸气压过大，造成刀库掉刀
5	换刀时掉刀	Z轴第二参考点漂移	换刀时主轴没有回到换刀点或换刀点漂移，机械手抓刀时没有到位就开始拔刀，都会导致换刀时掉刀。这时应重新移动主轴，使其回到换刀点位置，或重新设定换刀点
6	主轴拔刀过程中有明显响声	刀库机构磨损	1. 主轴上移至刀爪时，刀库刀爪有错动，说明刀库零点可能偏移，或刀库传动存在间隙。 2. 刀库上刀具质量不平衡而偏向一边，插拔刀费劲，可能是刀库零点偏移；将刀库刀具全部卸下，用塞尺测量刀库刀爪与主轴传动键之间间隙，证实有偏移；调整参数1241直至刀库刀爪与主轴传动键之间间隙基本相等。开机后执行换刀正常

知识点2　加工中心电气控制及数控系统的维护保养技术基础

数控铣床配置了 ATC 和刀库后，就升级成为加工中心。不同厂家机床的维护保养内容和规则也各有特色，尤其是加工中心自动换刀装置的具体维护内容应根据机床种类、型号及实际使用情况，并参照机床使用说明书的要求，制定和建立必要的定期、定级维护保养制度。

一、加工中心电气回路连接及故障处理

一台加工中心可完成几台普通数控机床才能完成的工作，加工中心配置了刀库和ATC，在加工过程中能自动地进行刀具更换工作，以满足不同工序加工的需要。加工中心电气控制回路主要由 CNC 控制器、机床控制电路、主轴无级调速、$X/Y/Z$ 轴进给驱动、刀库旋转、排屑、冷却及其他控制电路等组成。加工中心控制框图如图 5-9 所示。

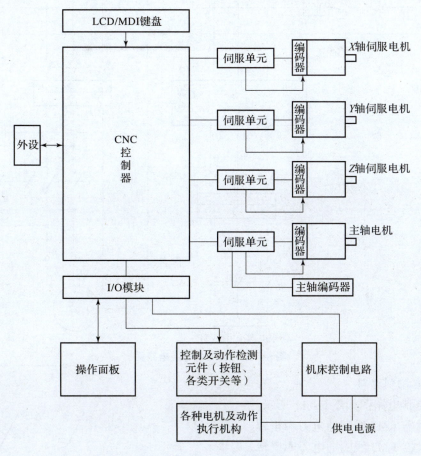

图 5-9 加工中心控制框图

（一）加工中心电气回路连接

VMC600 加工中心的数控系统为 FANUC 0i-MD 数控系统，刀库类型为斗笠式刀库，下面以其电气回路连接为例，主要介绍加工中心主电路和交流控制电路，以及加工中心电气控制电路中数控系统、驱动、I/O 接口与电气控制电路之间的关系。

1. 主电路

加工中心主电路图如图 5-10 所示，电源空气开关 QF1 控制加工中心总电源的通断，加工中心通电后，操作面板上电源指示灯亮。

①主电路中开关 QS1 为伺服变压器 TC1 以及直接使用三相 AC 380 V 电源的电气部件供电。TC1 输出三相 220 V 电压通过开关 QS2、接触器 KM1 给伺服电源单元 SVSP 供电。

②主电路还为主轴电机、冷却电机、风扇、排屑电机等供电。

③开关 QS3 为刀库电机供电，通过正转接触器 KM2、反转接触器 KM3 实现刀库正反转。

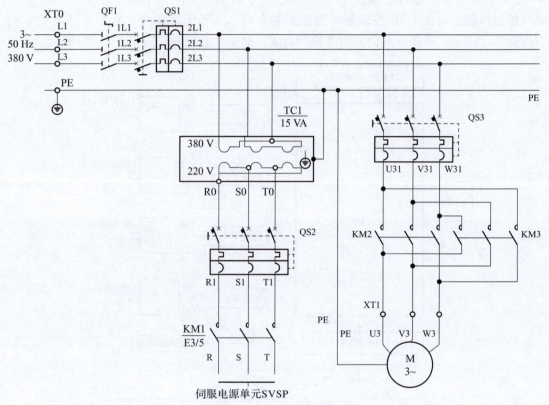

图 5 - 10　加工中心主电路图

2. 交流控制电路

交流控制电路图如图 5 - 11 所示。

①接触器 KM2 线圈通电刀库正转。

②接触器 KM3 线圈通电刀库反转。

（二）加工中心刀库电气控制电路

①加工中心刀库控制电路电源图如图 5 - 12 所示，主要包括电源变压器 TC2、开关电源等。

a. 控制电路由电源变压器 TC2 供电。电源变压器 TC2 输出电压分别为 AC 220 V，110 V，22 V（或 24 V）。AC 220 V 为 DC 24 V 稳压电源以及部分 220 V 用电器供电。AC 110 V 为自动润滑、热交换器、电磁阀等电气部件提供电源，并作为交流控制回路的控制电源。

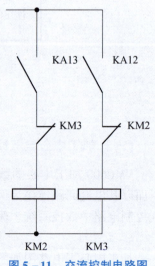

图 5 - 11　交流控制电路图

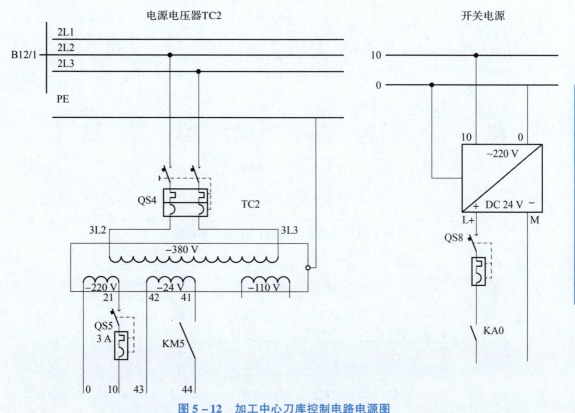

图 5 - 12　加工中心刀库控制电路电源图

　　b. 开关电源给数控系统提供 DC 24 V 电源，直流电源直接影响系统的稳定运行。开关电源的 220 V 从电源变压器 TC2 的输出端取得，DC 24 V 电压经继电器 KA0 的常开触点送达数控系统。

　　②加工中心刀库交流控制电路图如图 5 - 11 所示，当继电器 KA12 线圈通电时，KA12 常开触点闭合，KM3 通电，刀库反转，KM3 常闭辅助触点断开；当继电器 KA13 线圈通电时，KA13 常开触点闭合，KM2 通电，刀库正转，KM2 常闭辅助触点断开；KM2 和 KM3 保证正转和反正不同时工作，实现互锁。

　　③加工中心刀库 PMC 输入原理图如图 5 - 13 所示，加工中心刀库 PMC 输出原理图如图 5 - 14 所示。PMC 输入原理图中 SB26 为刀具放松按钮，SB44 为刀库正转按钮，SB45 为刀库反转按钮，SQ11 为刀库计数行程开关，SQ8 为刀库进入到位开关，SQ7 为刀库退出到位开关，SQ6 为刀具夹紧确认开关，SQ5 为刀具放松确认开关，SQ12 为空挡刀位到位确认开关。PMC 输出原理图中 Y6.6 为刀库正转信号，其通电后使继电器 KA13 线圈通电；Y6.7 为刀库反转信号，其通电后使继电器 KA12 线圈通电；Y6.4 为刀库进入信号，其通电后使继电器 KA15 线圈通电；Y6.5 为刀具放松信号，其通电后使继电器 KA14 线圈通电。

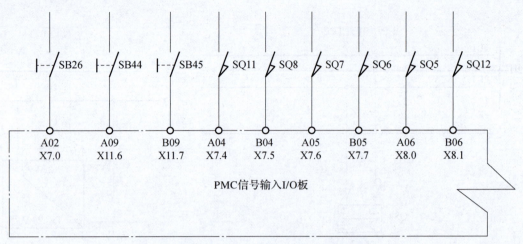

图 5 – 13　加工中心刀库 PMC 输入原理图

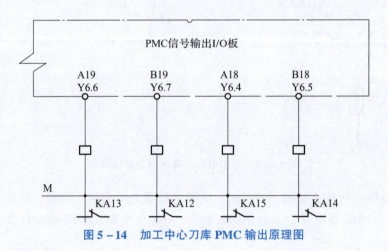

图 5 – 14　加工中心刀库 PMC 输出原理图

④系统信号控制。

数控系统接收到换刀指令后，将信号指令通过信号传输线送达 I/O 板、操作面板、伺服单元等控制器。I/O Link 连接示意如图 5 – 15 所示。I/O 板接收到信号后进行分配，触发刀库 PMC 输入信号，从而控制继电器动作，最终实现加工中心自动换刀。

（三）　加工中心斗笠式刀库常见故障处理

斗笠式刀库属无机械手类自动换刀装置，依靠进给轴（Z 轴）和刀库运动（平移与转动）的组合，实现自动换刀操作。该类刀库中刀具存放位置是固定的，从刀库中取出的刀具，使用后仍还回原来刀座，刀具号与刀座号始终一致，操作人员可随时了解刀库中的装刀情况，可以根据刀具在刀库中的分布直接编写加工程序中的 T 代码。斗笠式刀库的故障率比圆盘式刀库高，下面列举几种加工中心换刀常见故障及其处理方法。

1. 换刀过程出现气压报警的处理方法

换刀过程中供气压力低于设定值，操作面板上气压报警灯会点亮，显示器上也会出现空气压力低报警提示：AIR PRESSURE ALARM。此时系统自动转为单段执行方式，执行当前程序段。加工中心配有储气罐，气压刚报警时，储存气压如能维持本步动作执行，则当前程序段执行结束时，程序暂停在单步状态；储存气压如不能维持本步程序段执行，则此步的动作不能完成，单步程序段执行不能结束，程序启动灯继续点亮，显示器上会再出现未完成的动作报警。遇到上述情况，不需要采取任何操作，只要保持当前状态不变，等待气源恢复供气压力即可。

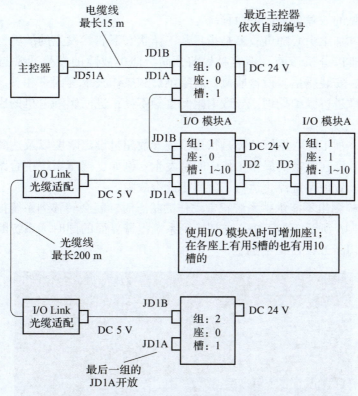

图 5−15　I/O Link 连接示意

供气压力超过设定值后，气压报警灯自动熄灭。此时，必须按报警复位按钮使气压报警复位以消除显示器报警信息，再按程序启动键，程序即单段执行；如果消除单段执行方式，再按程序启动键，程序就可以自动连续执行，气压报警引起的换刀过程中断可完全恢复。

2. 加工中心换刀操作注意事项

①气源压力不低于 0.6 MPa。

②加工中心须已执行过回零操作。

③换刀子程序中需要使用增量移动指令 G91，每次换刀后所执行的程序应考虑是采用绝对制还是增量制，因此需要重新设定 G90/G91 指令。

④保存好刀库供应商的操作说明书，在加工中心使用前和日常维护保养过程中，必须仔细阅读注意事项，参照执行。

二、加工中心系统报警诊断与排除

加工中心的数控系统一般都具有比较完整的报警诊断系统，使用系统的自诊断功能，可以较快地判断加工中心的故障原因和部位。数控系统均具备自动报警功能和故障自检功能，也就是说其控制体系的运行原理是报警传感元件与相应的故障检测程序相连，因此当加工中心出现故障时可及时进行检测和报警，同时详细显示出故障点和故障类型，以帮助技术人员提供维修信息。

（一）系统报警的概述

加工中心常见的故障分为以下两种。

①随机故障。加工中心随机故障是指日常工作状态下偶然发生的故障，此类故障的发生具有随机性，难以分析诊断，不容易提前预防。此类故障的发生通常与系统参数的设定、组件的排列、安装质量、设备质量、后续维护和操作技术等因素相关。例如，未对产生污染锈渍的钢件进行维护处理，导致电阻间接触不良，进而影响电机的启动功能，就属于此类故障。

②系统故障。加工中心系统故障是指当系统参数超过设定限度以及达到临界条件时出现的故障。这类故障在日常的操作工作中时常发生。例如，液压系统中管路泄漏，使油标低于最低刻度线，致使系统停止运行，就属于此类故障。

CNC 系统在检测出不能维持系统正常动作的状态时，就会转移到系统报警状态。系统报警界面如图 5 – 16 所示，加工中心在切换到系统报警界面的同时，系统断开伺服和主轴放大器的励磁，切断 I/O Link 的通信。

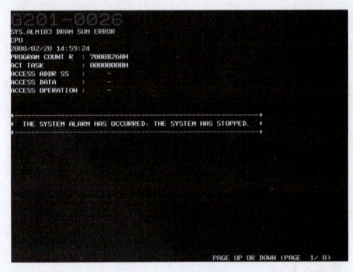

图 5 – 16　系统报警界面

系统报警主要分为下列 3 种。

（1）由软件检测的报警

由软件检测的报警是指主要由 CNC 系统软件来检测软件的异常。

典型的异常原因：①检测基于内部状态监控软件的处理/数据的矛盾；②数据/命令范围外的存取；③除以零；④堆栈上溢；⑤堆栈下溢；⑥DRAM 和数校验错误。

（2）由硬件检测的报警

由硬件检测的报警是指主要由硬件来检测硬件的异常。

典型的异常原因：①奇偶校验错误（DRAM、SRAM、超高速缓存）；②总线错误；

③电源报警；④FSSB 电缆断线。

（3）其他报警

其他报警是指由周边软件、伺服软件（看门狗等）、PMC 软件（I/O Link 通信异常等）检测的报警。

（二）加工中心常见系统报警与排除

1. 系统控制单元电池报警

偏置数据和系统参数都存储在控制单元的 SRAM 中。SRAM 的电源由安装在控制单元上的锂电池供电。因此，即使主电源断开，上述数据也不会丢失。电池是机床厂在发货之前安装的。该电池可将存储器内的数据保存一年。当电池的电压下降时，在 LCD 上会闪烁显示警告信息 BAT，同时向 PMC 输出电池报警信号，出现电池报警信号后，应尽快更换电池。1～2 周只是一个大致标准，实际能够使用多久则因不同的系统配置而有所差异。如果电池的电压进一步下降，则不能对存储器提供电源，在这种情况下接通控制单元的外部电源，就会导致存储器中保存的数据丢失，系统警报器将发出报警。在更换完电池后，就需要清除存储器内的全部内容，然后重新输入数据。因此，在加工中心维护过程中不管是否产生电池报警，都需要每年定期更换一次电池。

电池更换方法：①接通 CNC 系统的电源 30 s 左右，然后断开电源；②拉出 CNC 系统背面右下方的电池单元（抓住电池单元的闩锁部分，一边拆除壳体上附带的卡爪一边将其向上拉出），安装新的电池（握压，直到电池的卡爪闩锁于壳体），如图 5–17 所示。

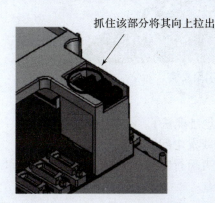
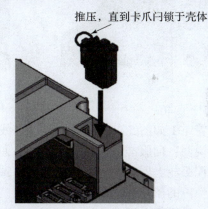

抓住该部分将其向上拉出

推压，直到卡爪闩锁于壳体

图 5–17　电池更换

2. 系统报警 455

系统报警 455 如图 5–18 所示（风扇异常）。

报警的说明：表示 CNC 系统的风扇发生了异常。

原因：可能是风扇不良。

处理办法是更换风扇：

①更换风扇时，必须切断 CNC 系统的电源；

②拉出要更换的风扇（抓住风扇单元的闩锁部分，一边拆除壳体上附带的卡爪一边将其向上拉出）；

③安装新的风扇（推压，直到风扇的卡爪闩锁于壳体），如图 5–19 所示。

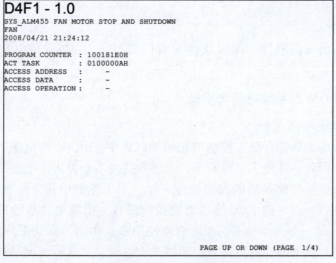

图 5-18　系统报警 455

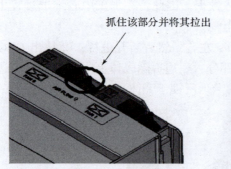 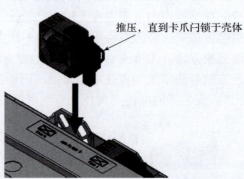

图 5-19　风扇更换

3. 系统报警 401

系统报警 401 如图 5-20 所示（外部总线地址非法）。

报警的说明：伺服准备信号报警，CNC 总线发生问题。

原因：伺服放大器的 VRDY 没有接通，或者运行时信号关断，可能是由于印制电路板不良或外来噪声的影响。

处理办法是进行下列检查：

①PSM 控制电源是否接通；

②急停是否解除；

③最后的伺服放大器 JX1B 插头上是否有终端插头；

④MCC 是否接通，如果除了 PSM 连接的 MCC 外，还有外部 MCC 顺序电路，则同样要检查；

⑤驱动 MCC 的电源是否接通；

⑥断路器是否接通；

⑦PSM 或 SPM 是否发生报警。

如果伺服放大器周围的强电电路没有问题，则更换伺服放大器；如果以上措施都不能解决问题，则更换主轴控制卡。

```
D4F1 - 1.0
SYS_ALM401 EXTERNAL BUS INVALID ADDRESS
MAIN BOARD
2008/04/21 20:34:16

PROGRAM COUNTER : 1000B52CH
ACT TASK        : 01000010H
ACCESS ADDRESS  :       -
ACCESS DATA     :       -
ACCESS OPERATION :      -


BUS MASTER PCB  : MAIN BOARD
+--+---------+--------------------------------------------------------------+
 02 MAIN BOARD 03012003 22110000 80010000 00000000 00010000 00000000
               FFFFFFFF FFFFFFFF 68C08216 70FE0000 00000000 00000000
               00000000 00000000 00010000 00000000 00000000

BUS SLAVE PCB   : CPU CARD
+--+---------+--------------------------------------------------------------+
 00 CPU CARD   02071004 20100000 00000000 00000000 00000000 00000000
               FFFFFFFF FFFFFFFF 10B0FC00 CFF90001 68C30061 82160010
               000000F0 00000000 00010000 00000000 00000000

INFORMATION REGISTER
+--+---------+--------------------------------------------------------------+
 02 MAIN BOARD 00000000 00000000 00000000 00000000

                                      PAGE UP OR DOWN (PAGE 1/8)
```

图 5 - 20　系统报警 401

(三) 加工中心常见系统报警说明

加工中心在使用过程中经常出现系统报警，表 5 - 4 所示为 FANUC 0i 数控系统常见系统报警。

表 5 - 4　FANUC 0i 数控系统常见系统报警

报警号		报警内容
程序报警 （P/S 报警）	000	修改后须断电才能生效的参数，参数修改完毕后应该断电
	007	小数点 "." 使用错误
	010	指定了一个不能用的 G 代码
	014	程序中出现了同步进给指令（本机床没有该功能）
	021	圆弧插补中，已指定不在圆弧插补平面内的轴的运动
	029	H 指定的偏置号中的刀具补偿值太大
	030	使用刀具长度补偿或半径补偿时，H 指定的刀具补偿号中的刀具补偿值太大
	033	已编程一个刀具半径补偿中不能出现的交点
	034	圆弧插补出现在刀具半径补偿的起始或取消的程序段
伺服报警	400	伺服放大器或电机过载
	401	VRDY 关断
	404	VRDY 没有关断，但 PRDY 关断。正常情况下，VRDY 和 PRDY 应同时存在
	405	位置控制系统错误，由于数控或伺服系统的问题使返回参考点的操作失败。重新进行返回参考点的操作
	410	X 轴停止时，位置误差超出设定值

续表

报警号		报警内容
伺服报警	411	X轴运动时，位置误差超出设定值
	413	X轴误差寄存器中的数据超出极限值，或 D/A 转换器接收的速度指令超出极限值（可能是参数设置错误）
	414	X轴数字伺服系统错误，检查 720 号诊断参数并参考伺服系统手册
	415	X轴指令速度超出 511 875 检测单位/s，检查参数 CMR
	416	X轴编码器故障
	417	X轴电机参数错误，检查 8120，8122，8123，8124 号参数
	420	Y轴停止时，位置误差超出设定值
	421	Y轴运动时，位置误差超出设定值
	423	Y轴误差寄存器中的数据超出极限值，或 D/A 转换器接收的速度指令超出极限值（可能是参数设置错误）
	424	Y轴数字伺服系统错误，检查 721 号诊断参数并参考伺服系统手册
	425	Y轴指令速度超出 511 875 检测单位/s，检查参数 CMR
	426	Y轴编码器故障
	427	Y轴电机参数错误，检查 8220，8222，8223，8224 号参数
	430	Z轴停止时，位置误差超出设定值
	431	Z轴运动时，位置误差超出设定值
	433	Z轴误差寄存器中的数据超出极限值，或 D/A 转换器接收的速度指令超出极限值（可能是参数设置错误）
	434	Z轴数字伺服系统错误，检查 722 号诊断参数并参考伺服系统手册
	435	Z轴指令速度超出 511 875 检测单位/s，检查参数 CMR
	436	Z轴编码器故障
	437	Z轴电机参数错误，检查 8320，8322，8323，8324 号参数
超程报警	510	X轴正向软极限超程
	511	X轴负向软极限超程
	520	Y轴正向软极限超程
	521	Y轴负向软极限超程
	530	Z轴正向软极限超程
	531	Z轴负向软极限超程
过热报警及系统报警	700	数控主印制电路板过热报警
	704	主轴过热报警

三、加工中心常见故障诊断与排除

加工中心在工业生产中的应用日益广泛，高自动化、高效率的优势设备给现代制造增添了强劲的动力，然而如何维护好这些设备、如何排除加工中心加工过程中的常见故障便显得尤为重要。

（一）加工中心常见故障类型

1. 主轴部件故障

由于使用调速电机，因此加工中心主轴箱结构比较简单，容易出现故障的部位是主轴箱内部的刀具自动夹紧机构、自动调速装置等。

2. 进给传动链故障

在加工中心进给传动系统中，普遍采用滚珠丝杠副、静压丝杠螺母副、滚动导轨、静压导轨和塑料导轨，所以进给传动链有故障时，主要反应是运动质量下降，如机械部件未运动到规定位置、运行中断、定位精度下降、反向间隙增大、爬行、轴承噪声变大（撞车后）等。

3. 自动换刀装置故障

自动换刀装置故障主要为刀库运动故障、定位误差过大、机械手夹持刀柄不稳定、机械手运动误差较大等。故障严重时会造成换刀动作卡住，加工中心被迫停止工作。

4. 各轴运动位置行程开关压合故障

在加工中心，为保证自动化工作的可靠性，采用了大量检测运动位置的行程开关。经过长期运行，运动部件的运动特性发生变化，行程开关压合装置的可靠性及行程开关本身品质特性的改变，会对整机性能产生较大影响。

5. 配套辅助装置故障

配套辅助装置故障主要包括加工中心的液压系统、气压系统、润滑系统、冷却系统、排屑装置等的故障。

（二）加工中心常见故障诊断与排除

加工中心是从数控铣床发展而来的，其与数控铣床的最大区别在于具有自动换刀装置，通过在刀库上安装不同用途的刀具，可在一次装夹中通过自动换刀装置改变主轴上的加工刀具，从而实现多种加工功能。自动换刀装置的精度也会直接影响加工中心的生产精度。加工中心自动换刀装置常见故障及其处理方法如表5-5所示。

表5-5　加工中心自动换刀装置常见故障及其处理方法

故障名称	故障原因	处理方法
松刀故障	1. 松刀电磁阀损坏。 2. 主轴打刀缸损坏。 3. 主轴弹簧片损坏。 4. 主轴拉爪损坏。 5. 加工中心气源不足。	1. 检测电磁阀动作情况，如损坏，则更换。 2. 检测打刀缸动作情况，如损坏，则更换。 3. 检测弹簧片损坏程度，更换弹簧片。 4. 检测主轴拉爪是否完好，如损坏或磨损，则更换。 5. 检测加工中心气压表和气路。

续表

故障名称	故障原因	处理方法
松刀故障	6. 松刀按钮接触不良。 7. 线路折断。 8. 打刀缸油杯缺油。 9. 加工中心刀柄拉钉不符合要求规格	6. 检测松刀按钮损坏程度，如损坏，则更换。 7. 检测线路是否折断。 8. 给打刀缸油杯注油。 9. 安装符合要求规格的拉钉
换刀故障	1. 气压不足。 2. 松刀按钮接触不良或线路断路。 3. 松刀按钮 PMC 输入地址点烧坏或者无信号源（+24 V）。 4. 松刀继电器不动作。 5. 松刀电磁阀损坏。 6. 打刀量不足。 7. 打刀缸油杯缺油。 8. 打刀缸故障	1. 检查加工中心气压是否达到 0.6 MPa。 2. 更换松刀按钮或检查线路。 3. 更换 I/O 板上 PMC 输入口或检查 PMC 输入信号源，修改 PMC 程序。 4. 检查 PMC 有无输出信号，PMC 输出口有无烧坏，修改 PMC 程序。 5. 如电磁阀线圈烧坏，则更换；如电磁阀阀体漏气、活塞不动作，则更换阀体。 6. 调整打刀量至松刀顺畅。 7. 给打刀缸油杯注油。 8. 打刀缸内部螺丝松动、漏气，则要将螺丝重新拧紧，更换缸体中的密封圈，若无法修复，则更换打刀缸
刀库故障	1. 换刀过程中突然停止，不能继续换刀。 2. 斗笠式刀库无法到达主轴位置。 3. 换刀过程中不能松刀。 4. 刀盘不能旋转。 5. 刀盘突然反向旋转时差半个刀位。 6. 换刀时，出现松刀、紧刀错误报警。 7. 换刀过程中，主轴侧声音很响。 8. 换完刀后，主轴不能装刀（松刀异常）	1. 气压是否达到 0.6 MPa。 2. 检查刀库后退信号有无到位，刀库进出电磁阀线路及 PMC 有无输出。 3. 调整打刀量，检查打刀缸体中是否有积水。 4. 刀盘出来后旋转时，检查刀库电机电源线有无断路，接触继电器有无损坏等现象。 5. 检查刀库电机刹车机构是否可以正常刹车。 6. 检查气压、气缸有无完全动作（是否有积水），松刀到位开关是否被压到位，但不能压得太多（以刚好有信号输入为宜）。 7. 调整打刀量。 8. 修改换刀程序（宏程序 O9999）

（三）加工中心常见故障实例分析

例 1　刀库转动中突然停电的故障维修。

故障现象：一台配套 FANUC 0i－MD 数控系统，型号为 VMC600 的加工中心，换刀过程中刀库旋转时突遇停电，刀库停在随机位置。

分析及处理过程：刀库停在随机位置，会影响开机刀库回零。故障发生后尽快用螺钉旋具打开刀库伸缩电磁阀手动按钮让刀库伸出，用扳手拧刀库齿轮箱方头轴，将刀库转到与主轴正对，同时手动取下当前刀爪上的刀具，再将刀库伸缩电磁阀手动按钮关掉，让刀库回位。经以上处理，通电后，正常回零可恢复正常。

例2 刀库不停转动的故障维修。

故障现象：一台配套 FANUC 0i－MD 数控系统，型号为 VMC600 的加工中心，换刀过程中刀库不停转动。

分析及处理过程：拿螺钉旋具打开刀库伸缩电磁阀手动按钮让刀库伸出，保证刀库一直处于伸出状态，复位，手动将刀库当前刀取下，停机断电，用扳手拧刀库齿轮箱方头轴，让空刀爪转到主轴位置，对正后再用螺钉旋具将刀库伸缩电磁阀手动按钮关掉，让刀库回位。再查刀库回零开关和刀库电机电缆正常，重新开机回零正常，MDI 方式下换刀正常。可能是干扰所致，将接地线处理后，故障再未出现过。

例3 刀库位置偏移的故障维修。

故障现象：一台配套 FANUC 0i－MD 数控系统，型号为 VMC600 的加工中心，在换刀过程中，主轴上移至刀爪时，刀库刀爪有错动，拔插刀时，有明显声响，似乎卡滞。

分析及处理过程：主轴上移至刀爪时，刀库刀爪有错动，说明刀库零点可能偏移，或者由于刀库传动存在间隙，或者刀库上刀具重量不平衡而偏向一边。因为插拔刀别劲，估计是刀库零点偏移；将刀库刀具全部卸下，将主轴手摇至 Y 轴第二参考点附近，用塞尺测量刀库刀爪与主轴传动键之间间隙，证实偏移；用手推拉刀库，也不能利用间隙使其回正；调试刀库偏差调整参数直至刀库刀爪与主轴传动键之间间隙基本相等。开机后执行换刀正常。

知识点3　加工中心气动系统的维护保养技术基础

气动是气动技术或气压传动与控制的简称。机床气动系统以空气为动力源，通过气动元件及附件来驱动和控制机械动作。气动装置的气源容易获得，且结构简单、工作介质不污染环境、工作速度快、动作频率高，在数控机床上也得到广泛应用，通常用来完成频繁启动的辅助工作，所以加工中心的自动换刀装置很多采用气动换刀系统。

加工中心为了实现自动加工，必须配置自动换刀装置，它的换刀常用气压装置来完成。自动换刀的时间和可靠性直接影响整个加工中心的质量，可见加工中心气动换刀系统稳定性的重要性，刀库的维护与保养也至关重要。

一、加工中心气动换刀系统的工作原理

（一）加工中心气动换刀系统的换刀过程

气动换刀系统在换刀过程中完成主轴定位、松刀、拔刀、向主轴锥孔吹气、插刀、刀具夹紧和主轴复位7个动作。图5－21所示为加工中心气动换刀系统的动作。

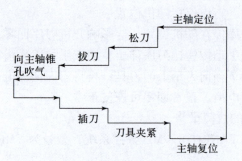

图 5-21　加工中心气动换刀系统的动作

（二）加工中心气动换刀系统的传动原理

在加工中心气动换刀系统中通过正确选用气源、气动三联件、二位二通电磁铁换向阀、单向节流阀、二位三通电磁铁换向阀、二位五通电磁铁换向阀、快速排气阀、消声器、气缸等来实现加工中心的换刀动作，图 5-22 所示为加工中心气动换刀系统原理图，换刀包括以下 5 个步骤。

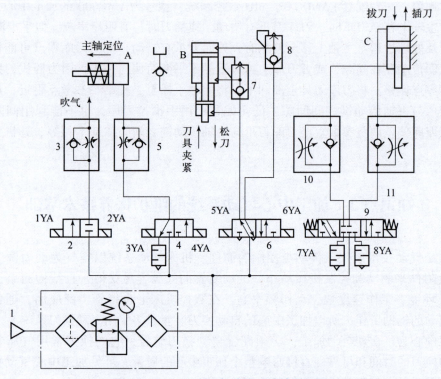

图 5-22　加工中心气动换刀系统原理图

1—气动三联件；2—二位二通电磁换向阀；3、5、10、11—单向节流阀；
4—二位三通电磁换向阀；6、9—二位五通电磁换向阀；7—消声器；8—快速排气阀；
A，B，C—气缸

1. 主轴定位

当加工中心 CNC 系统发出换刀指令时，主轴停止转动，同时 4YA 通电，压缩空气经气动三联件 1、换向阀 4、单向节流阀 5 进入缸 A 的右腔，主轴定位气缸 A 的活塞杆左移伸出，使主轴自动定位。

2. 松刀

定位后压下无触点开关，使6YA通电，压缩空气经换向阀6、快速排气阀8进入气缸B的上腔，气缸B的高压油使活塞杆伸出，实现主轴松刀。

3. 拔刀

主轴松刀的同时，8YA通电，压缩空气经换向阀9、单向节流阀11进入气缸C的上腔，气缸C下腔排气，活塞下移实现拔刀。

4. 吹气

由回转刀库交换刀具，同时1YA通电，压缩空气经换向阀2、单向节流阀3向主轴锥孔吹气。

5. 插刀

1YA断电、2YA通电，吹气停止，8YA断电、7YA通电，压缩空气经换向阀9、单向节流阀10进入气缸C的下腔，活塞上移实现插刀动作，同时活塞碰到行程限位阀，使6YA断电、5YA通电，则压缩空气经换向阀6进入气缸B的下腔，使活塞退回，主轴的机械机构使刀具夹紧。气缸B的活塞碰到行程限位阀后，使4YA断电、3YA通电，气缸A的活塞在弹簧力作用下复位，恢复初始状态，完成换刀动作。

根据气动换刀系统原理图，进一步分析各个气压元件的功能和作用。

①气动三联件的作用：压缩空气进入分水滤气器，经除水滤灰净化后进入减压阀，经减压后控制气体的压力以满足气压传动系统的要求，输出的稳压气体进入油雾器，将润滑油雾化后混入压缩空气一起输往气动控制元件和执行元件。

②二位二通电磁换向阀的作用：通过两边电磁铁的通断电，可以控制是否向主轴锥孔吹气。

③单向节流阀的作用：使进入气缸的压缩空气进行单方向的流量调节，从而控制气缸的运动速度。

④二位三通电磁换向阀的作用：通过两边电磁铁的通断电，可以控制主轴的自动定位或恢复到初始状态。

⑤二位五通电磁换向阀的作用：通过两边电磁铁的通断电，可以控制气缸B的夹紧、松刀动作或气缸C的拔刀、插刀动作。

⑥消声器的作用：降低气缸排出气体时的噪声。噪声使环境恶化，危害人身健康。

⑦气缸的作用：它们是气压传动系统的执行元件，完成换刀过程中的定位、夹紧或松刀、拔刀或插刀动作。

二、加工中心气动系统的日常维护

气动系统设备使用过程中，如果不注意日常维护保养工作，可能会频繁发生故障和元件过早损坏，设备的使用寿命就会大大降低，造成经济损失，因此必须给以足够的重视。加工中心气动系统日常维护工作主要有以下三点。

1. 冷凝水排放的管理

压缩空气中的冷凝水会使管道和元件锈蚀，防止冷凝水侵入压缩空气的方法是及时排出系统各处积存的冷凝水。冷凝水排放涉及从空气压缩机、后冷却器、气罐、管道系统直到各处空气过滤器、干燥器和自动排水器等整个气动系统。工作结束时，应当将各处冷凝水排出，以防夜间温度低于 0 ℃ 导致的冷凝水结冰。由于夜间管道内温度下降，会进一步析出冷凝水，因此设备每天运转前，也应将冷凝水排出。需经常检查自动排水器、干燥器是否正常工作，定期清洗分水滤气器、自动排水器。

2. 系统润滑的管理

气动系统中从控制元件到执行元件凡有相对运动的表面都需要润滑。如果润滑不足，则会使摩擦阻力增大，导致元件动作不良，密封面磨损会引起泄漏。在气动装置运转时，应检查油雾器的滴油量是否符合要求，油色是否正常。如果发现油杯中油量没有减少，则应及时调整滴油量；如果调节无效，则需检修或更换油雾器。

3. 空气压缩机系统的日常管理

检查空气压缩机是否有异常声音和异常发热，润滑油位是否正常；空气压缩机系统中的水冷式后冷却器供给的冷却水是否足够。

三、加工中心气动系统常见故障及其处理方法

加工中心经常出现气压低或者无气压等报警信号 2001，如图 5-23 所示，下面列出加工中心气动系统常见故障及其处理方法，如表 5-6 所示。

图 5-23　加工中心气压报警

表 5-6　加工中心气动系统常见故障及其处理方法

故障现象	故障原因	处理方法
系统没有气压	1. 气动系统中开关阀、启动阀、流量控制阀等未打开。 2. 换向阀未换向。 3. 管道扭曲、压扁。 4. 滤芯堵塞或冻结。 5. 工作介质或环境温度太低，造成管道冻结	1. 打开未开启的阀。 2. 检修或更换换向阀。 3. 校正或更换扭曲、压扁的管道。 4. 更换滤芯。 5. 及时排出冷凝水，增设除水设备

续表

故障现象	故障原因	处理方法
供压不足	1. 耗气量太大，空气压缩机输出流量不足。 2. 空气压缩机活塞环等过度磨损。 3. 漏气严重。 4. 减压阀输出压力低。 5. 流量阀的开度太小。 6. 管道细长或管接头选用不当，压力损失过大	1. 选择输出流量合适的空气压缩机或增设一定容积的气罐。 2. 更换活塞环等过度磨损的零件，并在适当部位安装单向阀，维持执行元件内压力，以保证安全。 3. 更换损坏的密封件或软管，紧固管接头和螺钉。 4. 调节减压阀至规定压力，或更换减压阀。 5. 调节流量阀的开度至合适开度。 6. 重新设计管道，加粗管径，选用流通能力大的管接头和气阀
压缩空气中含水量高	1. 储气罐、过滤器的冷凝水存积。 2. 后冷却器选型不当。 3. 空气压缩机进气管进气口设计不当。 4. 空气压缩机润滑油选择不当。 5. 季节影响	1. 定期打开排污阀排放冷凝水。 2. 更换后冷却器。 3. 重新安装防雨罩，避免雨水流入空气压缩机。 4. 更换空气压缩机润滑油。 5. 雨季要加快排放冷凝水的频率
气缸不动作、动作卡滞、爬行	1. 压缩空气压力达不到设定值。 2. 气缸加工精度不够。 3. 气缸、电磁阀润滑不充分。 4. 空气中混入灰尘卡住了阀。 5. 气缸负载过大、连接软管扭曲变形	1. 重新计算，验算系统压力。 2. 更换气缸。 3. 拆检气缸、电磁阀，疏通润滑油路。 4. 打开各接头，对管道重新吹扫，清洗阀。 5. 检查气缸负载及连接软管，使之满足设计要求

学习情境五　加工中心维护保养技术

【实践活动】

任务一　加工中心机械精度检验

一、任务目标

①了解加工中心几何精度检验、加工精度检验常用的工具及其使用方法。

②根据《精密加工中心检验条件　第7部分：精加工试件精度检验》（GB/T 20957.7—2007）规定，会合理选择量具、检具，采用正确、规范的检验方法和步骤，对加工中心进

行主要几何精度检验。

③掌握加工中心直线度、垂直度和主轴径向跳动的精度检验方法。

④掌握常用检验工具的维护保养。

二、任务准备

①阅读教材、参考资料，查阅网络资料。

②实验仪器与设备：VMC600加工中心、百分表、抹布等。

三、相关知识

加工中心精度检验常用工具与数控车床精度检验常用工具相同，如水平仪、百分表等，在此主要介绍加工中心常用的百分表、检验棒以及方尺、方箱等检验工具。

1. 百分表

百分表是利用精密齿条、齿轮机构制成的表式通用长度测量工具，通常由测头、量杆、防震弹簧、齿条、齿轮、游丝、圆表盘及指针等组成，如图5-24所示。百分表主要用于测量制件的尺寸和形状、位置误差等，其分度值为0.01 mm，测量范围为0~3 mm，0~5 mm，0~10 mm。

图5-24 百分表

百分表的维护与保养方法。

①远离液体，冷却液、切削液、水和油不与百分表接触。

②不使用时要摘下百分表，解除百分表所有负荷，让量杆处于自由状态。

③将百分表成套保存于盒内，避免丢失与混用。

2. 检验棒

检验棒代表在规定范围内所要检查的轴线，用它检查轴线的实际径向跳动，或者检查轴线相对机床其他部件的位置。其一般分为两类：①莫氏检验棒，如图5-25所示，有

图5-25 莫氏检验棒

M0～M6号检验棒；②7：24锥柄检验棒，如图5-26所示，有ISO，BT30，BT40，BT45，BT50等。检验棒有一个为了插入被检机床锥孔的锥柄和一个作为测量基准的圆柱体，它们用淬火和经温定性处理的钢制成。对于比较小的莫氏圆锥和公制圆锥，如莫氏检验棒，检验棒在锥孔中是自锁的，带有一段螺纹，以供装上螺母从孔内抽出检验棒；对于锥度较大的检验棒，如ISO检验棒，则设置了一个螺孔，以便使用拉杆来固定检验棒（具有自动换刀的机床使用拉钉）。

图5-26　7：24锥柄检验棒

检验棒使用注意事项如下。

①检验棒的锥柄和机床主轴的锥孔必须清洁干净以保证接触良好。

②测量径向跳动时，检验棒应在相应90°的4个位置依次插入主轴，误差以4次测量结果的平均值计算。

③检查零部件侧向位置精度或平行度时，应将检验棒和主轴旋转180°，依次在检验棒圆柱表面两条相对的母线上进行检验。

④检验棒插入主轴后，应稍等一段时间，以消除操作人员手传来的热量，使温度稳定。

3. 方尺、方箱

方尺主要用于平行度、垂直度的检验。图5-27所示为花岗石方尺，它的稳定性好、强度大、硬度高，能在重负荷下保持高精度。

方箱根据用途可分为划线方箱、检验方箱、磁性方箱、T形槽方箱等，是机械制造中零部件检验、划线等的基础设备。

方箱用于零部件平行度、垂直度的检验和划线，以及检验或画精密工件的任意角度线，如图5-28所示。我国方箱标准将方箱分为6级，即000，00，0，1，2，3级，这个精度分别对应《形状和位置公差未注公差值》（GB/T 1184—1996）规定的平面度公差的1，2，3，5，7，9共6个等级。

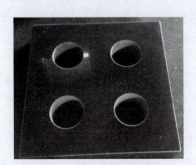

图5-27　花岗石方尺

图5-28　方箱

4. 平尺、直角尺

①平尺分为检验平尺、平行平尺、大理石平尺、桥形平尺、角度平尺、花岗石平尺、

花岗岩平尺等，大理石平尺如图 5－29 所示。平尺测量面的直线度是表征平尺质量的主要精度指标。根据平尺测量面的直线度公差允许值的大小确定出平尺准确度级别。按平尺准确度级别制造、选用平尺，有利于工艺装备精度的统一和测量仪器制造精度的系列化，有利于统一测量工具公差值，提高产品制造、使用精度。

②直角尺是检验和划线工作中常用的专业测量工具，用于检验工件的垂直度及工件相对位置的垂直度，适用于机床、机械设备及零部件的垂直度检验、安装加工定位、划线等，是机械行业中的重要测量工具。直角尺简称角尺，在有些场合还称靠尺。直角尺通常用钢、铸铁或花岗岩制成，按材质可分为铸铁直角尺（见图 5－30）、镁铝直角尺和花岗石直角尺。

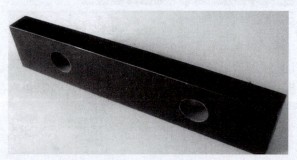

图 5 － 29　大理石平尺

图 5 － 30　铸铁直角尺

四、任务内容

①检验加工中心 X，Y，Z 三轴的运动直线度。
②检验加工中心三轴之间的垂直度。
③检验主轴锥孔的径向跳动。

五、任务实施

1. X 轴线运动直线度检验

根据国家标准可知，X 轴线运动直线度检验允差：$X \leqslant 500$ mm 时，允差为 0.010 mm；500 mm $< X \leqslant 800$ mm 时，允差为 0.015 mm；800 mm $< X \leqslant 1\ 250$ mm 时，允差为 0.020 mm；1 250 mm $< X \leqslant 2\ 000$ mm 时，允差为 0.025 mm。局部公差要求为在任意 300 mm 测量长度上为 0.007 mm。具体检验方法如下。

①将平尺和加工中心工作台表面擦拭干净。
②将平尺沿 X 轴放置在加工中心工作台中间位置，找正平尺，使平尺与 X 轴平行。
③将磁性表座组装好并吸附在加工中心主轴箱上，将百分表安装在磁性表座表架上。
④移动 X 轴，使百分表测头垂直触及平尺工作面。安装示意如图 5－31。
⑤移动 X 轴并读取百分表的变化值，其读数最大差值即为 X 轴线运动直线度。

2. Y 轴线运动直线度检验

Y 轴线运动直线度检验实施步骤可参照 X 轴线运动直线度检验步骤，检验允差与 X 轴相同，安装示意如图 5－32 所示。

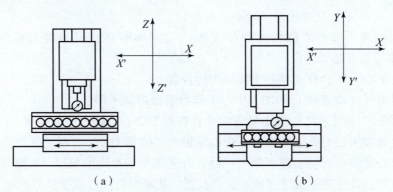

图 5－31　X 轴线运动直线度检验安装示意
（a）在 ZX 平面内；（b）在 XY 平面内

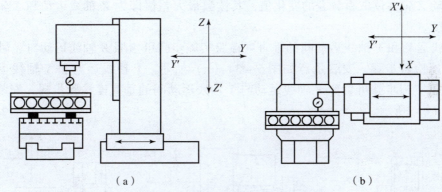

图 5－32　Y 轴线运动直线度检验安装示意
（a）在 YZ 平面内；（b）在 XY 平面内

3. Z 轴线运动直线度检验

Z 轴线运动直线度检验实施步骤可参照 X 轴线运动直线度检验步骤，检验允差与 X 轴相同，安装示意如图 5－33 所示。

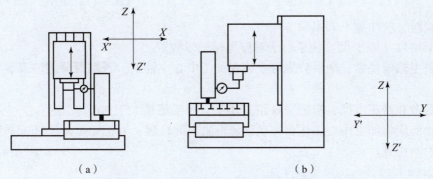

图 5－33　Z 轴线运动直线度检验安装示意
（a）在 ZX 平面内；（b）在 YZ 平面内

注意：对所有结构形式的机床，平尺、钢丝、直线度反射器都应置于工作台上，如果主轴能锁紧，则指示器、显微镜、干涉仪可装在主轴上，否则检验工具应装在机床的主轴箱上。测量位置应尽可能靠近工作台的中间。

4. Z轴线运动与X轴线运动间的垂直度检验

根据国家标准可知，Z轴线运动与X轴线运动间的垂直度检验允差为0.020 mm/500 mm。具体检验方法如下。

①将加工中心工作台移动到各坐标轴中间位置。

②将矩形角尺（或单尺）和加工中心工作台表面擦拭干净。

③将矩形角尺（或平尺）沿X轴方向放置在加工中心工作台中间位置。

④将磁性表座组装好并吸附在加工中心主轴或主轴箱上。

⑤将百分表安装在磁性表座表架上，使百分表测头触及矩形角尺（Y轴方向）。

⑥移动X轴，调整矩形角尺（或平尺）位置，使矩形角尺（或平尺）一边与X轴平行。

⑦将百分表测头靠在矩形角尺（或平尺）检验面上（X轴方向），安装示意如图5-34（a）所示。

⑧移动Z轴并读取百分表的变化值，其读数最大差值即为Z轴线运动和X轴线运动间的垂直度。

Z轴线运动和Y轴线运动间的垂直度检验实施步骤可参照Z轴线运动与X轴线运动间的垂直度检验步骤，安装示意如图5-34（b）所示。Y轴线运动和X轴线运动间的垂直度检验实施步骤可参照Z轴线运动与X轴线运动间的垂直度检验步骤，安装示意如图5-34（c）所示。

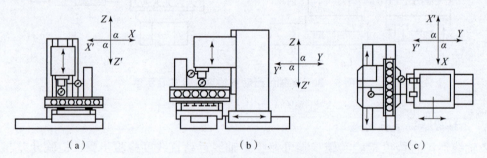

图5-34　线性运动间的垂直度检验安装示意
（a）Z轴和X轴垂直度；（b）Z轴和Y轴垂直度；（c）Y轴和X轴垂直度

在检验时，应注意下列事项。

①矩形角尺（或平尺）应平行于对应坐标轴线放置。

②如果主轴能锁紧，则百分表可安装在加工中心主轴上，否则百分表应安装在机床主轴箱上。

③为参考和修正方便，应记录α值是小于、等于还是大于90°。

④检验前应将加工中心工作台移动到坐标轴中间位置，并把矩形角尺（或平尺）放在工作台的中间位置。

5. 主轴锥孔的径向跳动检验方法

加工中心主轴锥孔的径向跳动量过大会导致刀杆和铣刀径向跳动及摆差增大，铣槽时会引起槽宽超差或产生锥度；同时可导致加工孔的尺寸、圆度和圆柱度超差（圆变成椭圆），在使用小直径刀具加工时甚至会损坏刀具。所以机床出厂前和设备验收时都要对主轴锥孔的径向跳动进行检验。根据国家标准可知，主轴的轴向窜动检验允差：靠近主轴端部为0.007 mm，距主轴端部300 mm处为0.015 mm。具体检验方法如下。

①将拉钉安装到检验棒尾部。

②将检验棒和主轴锥孔擦拭干净。

③将检验棒安装到加工中心主轴锥孔内。

④将磁性表座组装好并吸附在加工中心工作台上。

⑤将百分表安装在磁性表座表架上，移动机床坐标轴调整百分表与检验棒的相对位置，使百分表测头触及检验棒靠近主轴端部侧面母线（见图5-35的 a 位置）。

⑥启动加工中心主轴并读取百分表的变化值，其读数最大差值即为设备主轴锥孔近端的径向跳动量。

⑦移动机床坐标轴使百分表测头触及检验棒距主轴端部300 mm处侧面（见图5-35的 b 位置），再读取百分表的变化值，其读数最大差值即为设备主轴锥孔远端的径向跳动量。

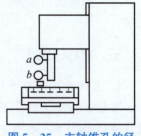

图5-35　主轴锥孔的径向跳动检验安装示意

注意：由于百分表测头受到侧面的推力，检验结果可能受影响，为了避免误差，测头应严格对准旋转面的轴线。应在机床的所有工作主轴上进行检验，检验时主轴应至少旋转两整圈。

六、注意事项

①注意人身及设备的安全。

②未经指导教师许可，不得擅自随意操作。

③实验完毕后，注意清理现场，清洁并及时保养加工中心。

七、任务评价

加工中心机械精度检验评价表如表5-7所示。

表5-7　加工中心机械精度检验评价表

序号	评价内容	优秀	良好	一般
1	X 轴线运动直线度检验			
2	Y 轴线运动直线度检验			
3	Z 轴线运动直线度检验			
4	Z 轴线运动与 X 轴线运动间的垂直度检验			
5	主轴锥孔的径向跳动检验			
6	在规定时间内完成（建议时间为25~35 min）			

任务二　加工中心伺服系统的日常维护

一、任务目标

①了解加工中心主轴的控制方式和主轴系统硬件连接。

②掌握加工中心伺服电机铭牌的含义以及对伺服电机的日常维护方法。

③掌握加工中心伺服电机的拆装方法。

④养成规范操作、严谨求实的工作态度。

二、任务准备

①阅读教材、参考资料，查阅网络资料。

②实验仪器与设备：VMC600 加工中心、数控系统综合实验台、内六角扳手、起子、抹布等。

三、相关知识

1. 主轴的控制与连接

主轴的控制方法主要有三种，如表5-8所示。控制主轴的转速基本相同，主轴系统硬件连接如图5-36所示。

表5-8　主轴的控制方法

名称	功能
串行接口	用于连接 FANUC 公司的主轴电机/放大器，在主轴放大器和 CNC 之间进行串行通信，交换转速和控制信号
模拟接口	用模拟电压通过变频器控制主轴电机转速
12 位二进制	用 12 位二进制代码控制主轴电机转速

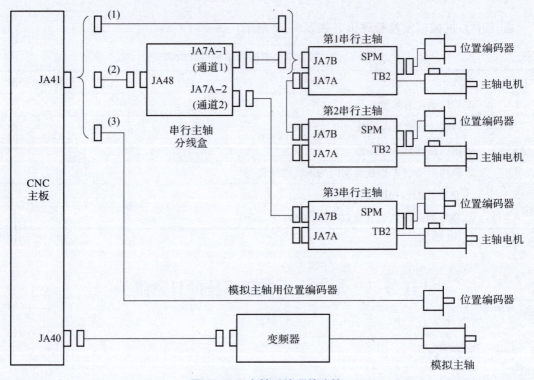

图5-36　主轴系统硬件连接

2. βi 系列主轴电机介绍

（1）βiI 系列主轴电机

βiI 系列主轴电机内装的速度传感器有两种类型：一种是不带电机一转信号的速度传感器 Mi 系列；另一种是带电机一转信号的速度传感器 MZi/Bz/CZi 系列。若需要实现主轴准停功能，则可以采用内装 Mi 系列速度传感器的电机，外装一个主轴一转信号装置（接近开关）来实现；也可以采用内装 MZi 系列速度传感器的电机实现。电机冷却风扇的作用是为电机散热，主轴电机采用变频调速，当电机速度改变时，要求电机散热条件不变，所以电机的风扇是单独供电的。βiI 系列主轴电机与编码器外形如图 5 - 37 所示，βiI 系列主轴电机接口功能如图 5 - 38 所示。

图 5 - 37　βiI 系列主轴电机与编码器外形

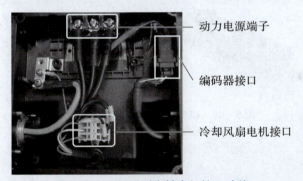

—— 动力电源端子

—— 编码器接口

—— 冷却风扇电机接口

图 5 - 38　βiI 系列主轴电机接口功能

选择主轴电机时，需要进行严密的计算后查找电机参数表，主要考虑以下几个方面的内容。

①根据实际加工中心主轴的功能要求和切削力要求，选择电机的型号及电机的输出功率。

②根据主轴定向功能的情况选择电机内装速度传感器的类型，即是否选择带电机一转信号的内装速度传感器。

③根据电机的冷却方式、输出轴的类型、安装方法进行选择。

下面通过一个电机铭牌来解读电机型号的含义，如图 5 - 39 所示。

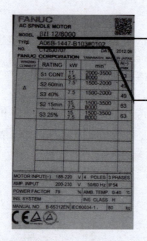

表示电机型号是βiI 12，其最高转速为8 000 r/min

A06B-1447-B103是电机的订货号。B103表示该电机为法兰安装，后部冷却，配置MZi系列速度传感器（带电机一转信号）。具体解释见B-65312资料

图 5 - 39　电机铭牌及说明

（2）βiS 系列伺服电机

βiS 系列伺服电机是 FANUC 公司推出的用于普通数控机床的高速、小惯量伺服电机，其外观及接口如图 5 - 40 所示。βiS 系列伺服电机的编码器需要作为绝对式编码器使用时，只需要在放大器上安装电池和设置系统参数。有一种用于重力轴上的伺服电机会带有抱闸端口。

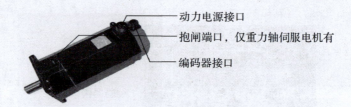

动力电源接口

抱闸端口，仅重力轴伺服电机有

编码器接口

图 5 - 40　βiS 系列伺服电机外观及接口

选择伺服电机时，需要进行严密的计算后查找电机参数表，主要考虑以下几个方面的内容。

①根据实际加工中心的进给速度、切削力、转矩要求选择。

②根据是否是重力轴伺服电机选择是否需要带抱闸端口。

③绝对式编码器需要配置编码器电池。

④根据安装要求，选择安装方式、电机轴结构方式。

下面通过一个电机铭牌来解读电机型号的含义，如图 5 - 41 所示。

四、任务内容

①观察实验台中主轴的控制与连接，查找主轴电机的型号。

②查找实训车间加工中心伺服电机的铭牌，结合参数说明书对铭牌进行解释。

③结合实训条件拆装加工中心伺服电机。

④对伺服电机进行维护保养。

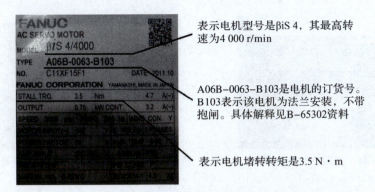

表示电机型号是βiS 4，其最高转速为4 000 r/min

A06B-0063-B103是电机的订货号。B103表示该电机为法兰安装，不带抱闸。具体解释见B-65302资料

表示电机堵转转矩是3.5 N·m

图5-41　电机铭牌及说明

五、任务实施

伺服电机铭牌解释，对实训车间的伺服电机和主轴电机进行拆装以及简单维护保养。

①根据实训设备，查找伺服电机铭牌，如图5-42所示，判断伺服电机类型，通过查询数控系统说明书，解释铭牌含义。

图5-42　伺服电机铭牌

②拆卸伺服电机，根据反馈线连接标志进行正确拆卸，如图5-43所示。

图5-43　伺服电机反馈线标志

③安装伺服电机时注意伺服电机的固定，如图5-44所示，以及伺服电机与联轴器连接是否牢固，如图5-45所示。

④利用吸尘设备对伺服电机散热风扇进行除尘，进行简单维护保养。

图 5 - 44　伺服电机固定螺栓

图 5 - 45　伺服电机与联轴器

六、注意事项

①注意人身及设备的安全。
②未经指导教师许可，不得擅自随意操作。
③电机拆装后由教师进行检查是否安装到位。
④实验完毕后，注意清理现场，清洁并及时保养加工中心。

七、任务评价

加工中心伺服系统的日常维护评价表如表 5 -9 所示。

表 5 - 9　加工中心伺服系统的日常维护评价表

序号	评价内容	优秀	良好	一般
1	串行主轴参数设置			
2	伺服电机铭牌查找与解释			
3	伺服电机拆卸与安装			
4	伺服电机的维护保养			
5	在规定时间内完成（建议时间为 15～20 min）			

任务三　加工中心气动系统的日常维护

一、任务目标

①了解空气压缩机的工作特点和选用方法。
②理解后冷却器、干燥器、油水分离器的工作原理。
③掌握 VMC600 加工中心刀库气动系统常见故障及其处理方法。

二、任务准备

①阅读教材、参考资料，查阅网络资料。

②实验仪器与设备：VMC600 加工中心、扳手、刷子、柴油等。

三、相关知识

VMC600 加工中心采用斗笠式刀库，具有 16 个刀位，如图 5 - 46 所示。在加工中心进行自动换刀时，由气缸驱动刀盘前后移动，与主轴的上下左右方向的运动进行配合来实现刀具的装卸，并要求在运行过程中稳定、无冲击。结合加工中心气动换刀系统原理图，了解到加工中心换刀过程包括主轴定位、松刀、拔刀、吹气、插刀 5 个步骤。

图 5 - 46　斗笠式刀库

1. 气源装置

气源装置是加工中心气压传动系统的动力部分，这部分元件性能的好坏直接关系气压传动系统能否正常工作；气动辅助元件更是气压传动系统正常工作必不可少的组成部分。

气源装置主要由 4 个部分组成：气压发生装置，气源净化装置，管道系统，气动三联件。

（1）气压发生装置

空气压缩机是气压发生装置，利用空气压缩机将电机机械能转换为气体压力能，然后在控制元件的控制和辅助元件的配合下，通过执行元件把空气的压力能转换为机械能，从而完成直线或回转运动并对外做功。

空气压缩机的选用原则：主要根据气压传动系统需要的两个主要参数，即工作压力 p 和流量 q。根据表 5 - 10 所示进行空气压缩机的选用，具体选用方法可以查询相关手册。

表 5 - 10　空气压缩机的选用

选择方法	基本类型	说明
按输出压力选择/MPa	低压空气压缩机	>0.2 ~ 1.0
	中压空气压缩机	>1.0 ~ 10
	高压空气压缩机	>10 ~ 100
	超高压空气压缩机	>100

续表

选择方法	基本类型	说明
按输出流量选择/$(m^3 \cdot min^{-1})$	微型空气压缩机	<1.0
	小型空气压缩机	1.0~10
	中型空气压缩机	>10~100
	大型空气压缩机	>100

（2）气源净化装置

气源净化装置包括后冷却器、油水分离器、储气罐、干燥器、分水滤气器。

①后冷却器原理如图5-47所示。

作用：冷却压缩空气，使其中的水蒸气和油雾冷凝成水滴和油滴，以便进行下一步处理。

分类：水冷式和风冷式两种形式。其中水冷式后冷却器强迫冷却水沿着空气流动的反方向流动来进行冷却。

②油水分离器如图5-48所示。

作用：将压缩空气中的冷凝水和油污等杂质分离出来，初步净化压缩空气。

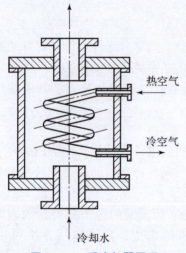

图5-47　后冷却器原理

图5-48　油水分离器

③储气罐如图5-49所示。

作用：储存一定数量的压缩空气，减少输出气流脉动，保证气流连续性，减弱管道振动，进一步分离压缩空气中的水分和油分。

选择容积时，可参考经验公式。

④干燥器如图5-50所示。

作用：进一步除去压缩空气中含有的水分、油分、颗粒杂质等，使其干燥，用于对气源质量要求较高的气动装置、气动仪表等。

图 5-49 储气罐   图 5-50 干燥器

⑤分水滤气器。

作用：二次过滤，进一步分离水分、过滤杂质。

气动系统中，根据进气方向把分水滤气器、减压阀、油雾器称为气动三联件。气动三联件是气动元件和气动系统使用压缩空气质量的最后保证，应装在用气设备附近。

2. 加工中心

刀库气动系统可能会出现的故障及其处理方法如下。

（1）气动执行元件（气缸）故障

由于气缸装配不当和长期使用，因此气缸易发生内外泄漏、输出力不足和动作不平稳、缓冲效果不良、活塞杆和缸盖损坏等故障。

①气缸出现内外泄漏，一般是因为活塞杆安装偏心、润滑油供应不足、密封圈和密封环磨损或损坏、气缸内有杂质及活塞杆有伤痕等。所以，当气缸出现内外泄漏时，应重新调整活塞杆的中心，以保证活塞杆与缸筒的同轴度；须经常检查油雾器工作是否可靠，以保证执行元件润滑良好；当密封圈和密封环出现磨损或损坏时，须及时更换；若气缸内存在杂质，则应及时清除；活塞杆上有伤痕时，应更换新的活塞杆。

②气缸的输出力不足和动作不平稳，一般是因为活塞或活塞杆被卡住、润滑不良、供气量不足，或气缸内有冷凝水和杂质等。对此，应调整活塞杆的中心；检查油雾器的工作是否可靠；供气管道是否被堵塞。当气缸内存有冷凝水和杂质时，应及时清除。

③气缸的缓冲效果不良，一般是因缓冲密封圈磨损或调节螺钉损坏。此时，应更换密封圈和调节螺钉。

④气缸的活塞杆和缸盖损坏，一般是因为活塞杆安装偏心或缓冲机构不起作用。对此，应调整活塞杆的中心；更换缓冲密封圈或调节螺钉。

（2）气动辅助元件故障

气动辅助元件的故障主要有油雾器故障、自动排污器故障、消声器故障等。

①油雾器调节针的调节量太小堵塞油路，管道漏气等都会使液态油滴不能雾化。对此，应及时处理堵塞和漏气的地方，调整滴油速度，使其达到 5 滴/min 左右。正常使用时，油杯内的油面要保持在上下限范围之内。对油杯底部沉积的水分，应及时排出。

②自动排污器内的油污和水分有时不能自动排除，特别是在冬季温度较低的情况下尤为严重。此时，应将其拆下并进行检查和清洗。

③当换向阀上装的消声器太脏或被堵塞时，也会影响换向阀的灵敏度和换向时间，故要经常清洗消声器。

四、任务内容

①通过观察生产车间气动系统配套设备绘制气压连接简图。
②分小组对实训车间加工中心气动系统的气动执行元件进行故障检查及维护。
③分小组对实训车间加工中心气动系统的气动辅助元件进行故障检查及维护。

五、任务实施

①分组对实训车间气动系统配套设备进行观察，如图 5 – 51 所示，学生自己绘制气压连接简图。
②查看气动系统元件有无明显变形、损坏。

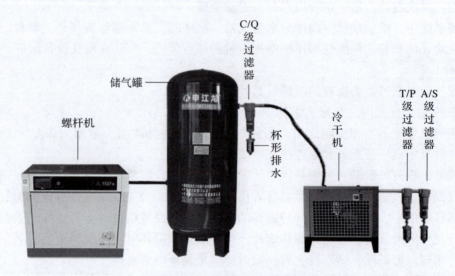

图 5 – 51　气动系统配套设备

③气动执行元件故障检查及处理。

a. 检查气缸是否出现内外泄漏，当气缸出现内外泄漏时，应重新调整活塞杆的中心，以保证活塞杆与缸筒的同轴度；须经常检查油雾器工作是否可靠，以保证执行元件润滑良好；当密封圈和密封环出现磨损或损坏时，须及时更换；若气缸内存在杂质，应及时清除；活塞杆上有伤痕时，应换新。

b. 观察气缸动作是否平稳，若不平稳，应调整活塞杆的中心；检查油雾器工作是否可靠；供气管道是否被堵塞。当气缸内有冷凝水和杂质时，应及时清除。

④气动辅助元件故障检查及处理。

a. 油雾器的故障，应及时处理堵塞和漏气的地方，调整滴油速度，使其达到 5 滴/min 左右。正常使用时，油杯内的油面要保持在上下限范围之内。对油杯底都沉积的水分，应及时排出。

　　b. 对气动辅助元件进行清洗。

六、注意事项

①注意人身及设备的安全。关闭电源后，方可观察拆卸加工中心气动系统。

②未经指导教师许可，不得擅自随意操作。

③对刀库气动系统故障的检查处理要按规定时间完成，符合基本操作规范，并注意安全。

④实验完毕后，注意清理现场。

七、任务评价

　　加工中心气动系统的日常维护评价表如表 5 - 11 所示。

表 5 - 11　加工中心气动系统的日常维护评价表

序号	评价内容	优秀	良好	一般
1	绘制气压连接简图			
2	气动执行元件故障检查及处理			
3	气动辅助元件故障检查及处理			
4	在规定时间内完成（建议时间为 25 ~ 30 min）			

【匠心故事】

一颗金子般的"匠心"：郑文政

　　郑文政，浙江省杭州市桐庐永盛针织机械有限公司（以下简称永盛公司）总经理及研发中心主任，2013 年被桐庐县人民政府授予创业创新型高层次专项津贴证书；2015 年被授予桐庐县第二届十佳科技创新人才；2017 年被桐庐县人民政府授予"首届桐庐工匠"荣誉称号。历年来他共授权了 10 项发明专利、21 项实用新型专利、1 项软著，从事针织机械制造工作 30 多年，一直专精针织机械，从制造到创造。

一、坚持创新，酝酿"珍珠"

　　郑文政沉迷于自己的发明事业，就像一个孩子沉迷于想象和创造的乐园，聚精会神、心无旁骛，哪怕不被理解，甚至招来嘲讽，仍然乐在其中。走进他的工厂，你会彻彻底底感受到他对于创造的痴迷，除了那些各式各样拥有发明专利的针织横机，一台又一台堆积如山的报废试验品，就连电梯、楼梯、楼层等基础设施，都是他按照自己的想法，带领团队一个部件一个部件做出来的。郑文政的多项发明专利如图 5 - 52 所示。

图 5–52　郑文政的多项发明专利

郑文政从小就对身边的一切充满好奇和疑问：把梨树拦腰砍断，接上桃枝，结出的果子会是什么样？在那个电瓶车还没有出现的年代，他就在思考："自行车脚蹬很费力，但比较轻便，摩托车骑着省力，但又笨重又烧油，如果把它们的优点结合起来，发明一种省力、轻便、无污染的车，不是很好吗？"想到什么，郑文政就迫不及待动手尝试，做各种各样的实验，直到探求出结果，无论成功或失败，他都会感到心满意足。

2009 年，郑文政自主研发并制造 5 针、7 针、8 针、10 针、12 针、67 in、86 in、106 in 2 +2 双机头四系统全自动计算机针织横机、针织数控手套机、针织数控手套接指机等产品。

2012 年，郑文政带领团队经历重重困难，研发成功并投入制造国际领先技术的中国首台套 1 +1 双机头 1.5 针、2 针、2.5 针、3 针、3.5 针无规则可变动态计算机针织横机，不仅能取代手工棒针编织，而且能编织更复杂多变的花形，完成手工棒针无法完成的编织任务。

有一次他去印度出差，看到印度工人手工编织粗针毯子。为何不能把手工棒针转成机器织造呢？拥有灵敏嗅觉的他意识到这块未被开发的领域。他回到桐庐立刻着手研究 1 针计算机横机，历经三年的无数次尝试和失败，凭借过往技术创新方面的深厚积累和锲而不舍的钻研精神，他终于在 2018 年试验成功。紧接着 0.5 针、0.1 针全自动计算机横机，也在 2018 年相继研发并且试验成功，这些发明创造在全球绝无仅有，填补了国际针织业粗针领域空白……郑文政满怀自豪地欣赏着自己的作品，全然忘了那些曾经吃过的苦头。

二、不惧吃苦，磨砺"宝剑"

12 岁，在最好的读书年龄，郑文政不得不离开学校，承担起家庭的重任：妈妈生病卧床；爸爸忙于兽医工作；下面有弟弟妹妹要照顾；做不完的家务和农活。每天早晨四五点，他独自挑着家里种的蔬菜，从柳岩村走 9 km 到横村镇上叫卖，一卖完，立刻飞快地往家赶，病床上的妈妈在等他，弟弟妹妹也站在门口眼巴巴地等他……

尽管如此，他并没有放弃学习。他把同学读过的旧课本借来，常常从晚上八九点看到十二点。在此后的岁月中，他一直以这样的方式求学——自学初中、高中等课程。

15 岁那年，他满怀着希望和理想，进入桐庐针织厂当学徒。不知疲倦的工作热情和学习精神，让他很快就熟练地掌握了各项针织技术。那些"呜呜轧轧"的手摇针织机，无时无刻不在吸引着他的注意力，但是它们操作起来太费时、费力了，他想改造它们！

　　每次修理人员来维修机器，他都会饶有兴致地守在旁边，一边看一边想：问题出在哪里？怎么修才对？他喜欢问为什么，喜欢对问题刨根究底、顺藤摸瓜、分析因果。没过多久，他就学会了不少维修技术。在维修人员忙不过来的时候，大家就找他帮忙。他的维修活又快又好，赢得了不少称赞。

　　后来，郑文政被调到厂维修部上班。为了当一名优秀的机修人员，他认真琢磨师父教的技术，同时买来书籍对照学习。他努力钻研钳工技术——錾削、锉削、锯切、划线攻丝等，这些全是手上活，一不小心就会受伤。他的手挨了不下 100 刀，双手常常挂着伤，但他的技术也越来越娴熟，成为针织厂维修部的技术骨干。

　　当时，改革开放的花朵已经在祖国大江南北绽放得，邓小平南方谈话就像隆隆鼓声，点燃了多少人的理想和斗志，激励了多少满怀热血的创业者！

　　22 岁那年，郑文政义无反顾地离开了针织厂，借用别人家的走廊，创办了"桐庐横村文正横机精修部"。如图 5－53 所示，郑文政正在维修普通车床。他勤奋、技术精、有耐心、服务态度又好，不仅本地业务开展得很红火，甚至杭州、湖州、衢州等地厂家也慕名来找他。在维修过程中，郑文政慢慢摸清了各种品牌横机设备的原理和构造，一通百通。

图 5－53　郑文政维修普通车床

　　有一天，他看见工人用手摇手套机在工作，费时又费力。为什么不自己试试研发一台数字手套机呢？说干就干，他义无反顾地把时间和精力全部投入进去，一心搞起了研发和创造，往往新机套做成形了，感觉不对又敲掉，损耗下来的废铁都有 1 t。功夫不负有心人，最后手摇数据手套机终于研发成功。使用数字手套机，一个人可以同时管两台机器，产量比原先翻了五倍。

　　从此，郑文政对技术研发越来越痴迷。他建了两次厂房，每次都把家安在车间楼上，这是为了方便自己发明创造，有时半夜灵感来了，他马上穿好衣服下楼到车间里干起来，有时一直干到清晨工人来上班；不过他也有思路受堵的时候，怎么也摸不到门道，因此常常半夜里一个人看着机器发呆……

　　宝剑锋从磨砺出，梅花香自苦寒来。这么多年过去了，郑文政始终坚持不懈地努力打磨自己，直至磨砺出属于自己的"宝剑"。

三、实业兴邦，坚守"匠心"

"成功始于足下，把每一件小事做好就不是小事；伟大来自平常，把每一桩平常的事都做好就是不平常。"这是郑文政亲手书写并挂在工厂里的一幅书法作品，也是他多年经历的真实写照。

研发一个新产品，常常需要数年的反复试验和改进，需要投入巨大的人力、物力、财力，付出巨大的心血，在这期间很难看到效益，而且很有可能是竹篮打水一场空……面对这些压力和困难，支撑郑文政做下去的动力，除了那一份热爱和信念，更多的是一份沉甸甸的责任感和爱国情怀。

"投资几套房产就抵上我这些年的奋斗了，但这有什么意义？实业才能强国兴邦。搞实业，就得踏踏实实搞，钻研核心技术，做产业链，把产品做精，做成艺术。跟风做山寨没有前途……"郑文政对当下的经济形态有自己的看法。

他是一个有思想、有智慧、有眼光的企业家。每次去国外，大家都忙着拍照留念、到处游玩，郑文政却在留心观察和思考。在圣彼得堡，他流连在军事博物馆里，研究陈列在橱窗里的枪炮，那可是几百年前制造的东西啊！按照当时的技术，枪膛是怎么拉出来的？轮胎是怎么制造的？炮管内壁的纹路是怎么加工出来的？在德国，市政府开放式建筑和广场前的工人雕塑，给他留下了深刻的印象——男性和女性工人们，左手拿着书本，右手擎着齿轮。书本代表着科学和知识，代表着文化的传承；齿轮代表着工业发展，代表着技术和实践。这是对"工匠精神"多么形象、生动的宣扬啊！

郑文政无时无刻不在学习和思考。他喜欢把观察到的一切和国内进行比较，思考出个所以然来。"人家有的东西我们去改进，人家没有的东西我们就去创造；耐得住寂寞，才能守得住繁华。"正是凭借这样的信念，郑文政始终坚守在自己的领域，钻研技术，守正创新。

这些年来，他先后到过许多国家参加针织机械新产品展览，每当各国客商围着永盛公司展台观看新设备，并且伸出大拇指说："中国人，牛！"时，他的心里总会生发出无限的自豪感——作为中国人的自豪感！

郑文政说："先进的计算机针织机械，外国有的，我们要有，外国没有的，我们也要有！针织机械技术创新就是我的使命，在这条道路上，我不会停下前进的脚步！让世界爱上中国造！"

郑文政不但发明创造硕果累累，而且培养了一批中青年科技人才。二十多年来，他没有从外面引进过人才，技术研发团队人员全部由他自己一手培养。这批青年人跟着郑文政边学边干边钻研，几年来，都成长为公司科技创新的中坚力量。

"出产品，出人才"，这是郑文政技术创新的一个目标、一种态度、一个信念。

郑文政，是在茫茫石滩上，认真寻找"璞玉"的人；是耐得住寂寞，苦心思索和钻研技术的人；是胸怀理想和志向，却又踏踏实实地坚守在机器旁"琢玉人"。

千淘万漉虽辛苦，吹尽狂沙始到金。每一项发明创造的背后，都离不开郑文政那颗金子般的"匠心"。

【归纳拓展】

一、归纳总结

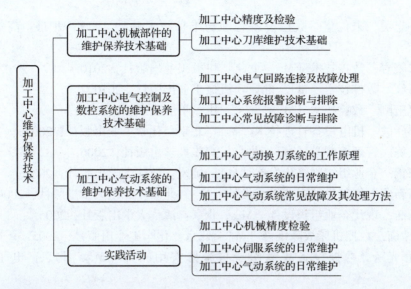

二、拓展练习

1. 加工中心机械精度检验常用工量具有哪些？
2. 加工中心常见的几何精度检验项目主要有哪些？
3. 加工中心刀库的工作要求有哪些？
4. 加工中心常见的故障有哪两种？
5. 加工中心常见的故障类型有哪几种？
6. 加工中心气动换刀系统的换刀过程有哪几步？
7. 加工中心气动系统的日常维护内容有哪些？

参 考 文 献

[1] 许忠美，朱仁盛. 数控设备管理与维护技术基础［M］. 北京：高等教育出版社，2008.

[2] 朱晓春. 数控技术［M］. 北京：机械工业出版社，2010.

[3] 易红. 数控技术［M］. 北京：机械工业出版社，2010.

[4] 赵玉刚. 数控技术［M］. 北京：机械工业出版社，2010.

[5] 邵泽波. 机电设备管理技术［M］. 北京：化学工业出版社，2004.

[6] 杜栋. 管理控制学［M］. 北京：清华大学出版社，2006.

[7] 张钢. 企业组织网络化发展［M］. 杭州：浙江大学出版社，2005.

[8] 高新华. 如何进行企业组织设计［M］. 北京：北京大学出版社，2004.

[9] 任浩. 现代企业组织设计［M］. 北京：清华大学出版社，2005.

[10] 徐衡. 数控机床故障维修［M］. 北京：化学工业出版社，2005.

[11] 张光跃. 数控设备故障诊断与维修实用教程［M］. 北京：电子工业出版社，2005.

[12] 韩鸿鸾. 数控机床维修实例［M］. 北京：中国电力出版社，2006.

[13] 邵泽强. 机床数控系统技能实训［M］. 北京：北京理工大学出版社，2006.

[14] 陈子银. 数控机床电气控制［M］. 北京：北京理工大学出版社，2006.

[15] 朱仁盛. 气动与液压控制技术［M］. 北京：中国铁道出版社，2011.

[16] 罗永顺，张宁. 数控机床故障诊断与维修［M］. 北京：机械工业出版社，2018.

[17] 中国国家标准化管理委员会. 精密加工中心检验条件第2部分：立式或带垂直主回转轴的万能主轴头机床几何精度检验（垂直 Z 轴）：GB/T 20957. 2—2007［S］. 北京：中国标准出版社，2007.

[18] 邵泽强，李坤. 数控机床电气线路装调［M］. 2版. 北京：机械工业出版社，2015.

[19] 黄文广，郡泽强，韩亚兰. FANUC数控系统连接与调试［M］. 北京：高等教育出版社，2011.

[20] 李宏胜，朱强，曹锦江. FANUC数控系统连接与调试［M］. 北京：高等教育出版社，2011.

[21] 王春，杨志良. 典型机床电气故障诊断与维修［M］. 北京：高等教育出版社，2015.

[22] 张恒. 数控机床维修：机床电气安装［M］. 苏州：苏州大学出版社，2014.

[23] 梅荣娣，葛金印. 液压与气压传动控制技术［M］. 北京：北京理工大学出版社，2012.

[24] 朱仁盛. 数控设备管理与维护技术基础［M］. 北京：电子工业出版社，2013.